Betriebswirtschaftliche Formelsammlung

Kommentierte Kennzahlen

von

Prof. Dr. Uwe Bestmann

Oldenbourg Verlag München

Bibliografische Information der Deutschen Nationalbibliothek

Die Deutsche Nationalbibliothek verzeichnet diese Publikation in der Deutschen Nationalbibliografie; detaillierte bibliografische Daten sind im Internet über http://dnb.d-nb.de abrufbar.

© 2011 Oldenbourg Wissenschaftsverlag GmbH
Rosenheimer Straße 145, D-81671 München
Telefon: (089) 45051-0
www.oldenbourg-verlag.de

Lektorat: Thomas Ammon
Herstellung: Constanze Müller
Titelbild: iStockphoto
Einbandgestaltung: hauser lacour
Gesamtherstellung: Grafik + Druck GmbH, München

Dieses Papier ist alterungsbeständig nach DIN/ISO 9706.

ISBN 978-3-486-58827-9

Vorwort

Der Einsatz von Kennzahlen dient unternehmerischer Entscheidungsvorbereitung, Planung, Steuerung und Kontrolle und hat im Verlauf der letzten Jahrzehnte ständig an Bedeutung zugenommen.

Während Kennziffern zunächst vor allen Dingen zur Analyse der finanzwirtschaftlichen Situation einer Unternehmung verwendet wurden, erfolgte im weiteren Zeitablauf der Einsatz von Kennzahlen zunehmend auch im leistungswirtschaftlichen Bereich.

Der Schwerpunkt bei der Stoffauswahl dieses Buches wurde auf die Darstellung der Kennzahlen, geordnet nach ihrer Anwendung in den verschiedenen Funktionsbereichen gelegt.

Den finanzwirtschaftlichen Kennzahlen sind kommentierende Bemerkungen vorangefügt. Hier wird ggf. ein weitergehendes Literaturstudium empfohlen, da ansonsten in zahlreichen Fällen eine unkritische Verwendung zu Problemen führen kann.

Dies ist im Hinblick auf die Anwendung der einzelnen Kennzahlen, die dem leistungswirtschaftlichen Bereich zugeordnet sind, im Regelfall nicht erforderlich.

Das vorliegende Buch wendet sich gleichermaßen an Praktiker wie an Studierende der Betriebswirtschaftslehre in der Hoffnung, das breite Anwendungsspektrum bzw. die vielen Einsatzmöglichkeiten zu erkennen, um daraus einen sinnvollen Nutzen ziehen zu können.

Inhalt

1   Einleitung

Kennzahlen eröffnen im Unternehmen auf allen Ebenen die Möglichkeit, relativ schnell und einfach Informationen zu wirtschaftlichen Tatbeständen zu erhalten. Sie werden in der Praxis aus verschiedenartigen Gründen eingesetzt.

Grundsätzlich sind Kennziffern auf einen bestimmten Objektbereich ausgerichtet. Sie erfassen hier quantitativ abgegrenzte Tatbestände in konzentrierter Form und bieten dem Anwender den unschlagbaren Vorteil, die gewünschten Informationen schnell zu erhalten und zu verarbeiten.

Damit eröffnet sich der Unternehmensleitung die Gelegenheit mit ihrer Hilfe zu wirtschaftlichen Sachlagen oder Entwicklungen notwendige Informationen zu erhalten. Allerdings vermitteln Kennzahlen immer nur einen ersten, oftmals unvollständigen Hinweis, der bei erster Betrachtung ohne weitergehende Informationen unter Umständen zu Fehlinterpretationen führen kann. Aus diesem Grund sind gegebenenfalls weitergehende Untersuchungen erforderlich. Insofern empfiehlt sich in derartigen Fällen – insbesondere für den Fall der Bilanzanalyse – die Hinzuziehung spezieller Fachliteratur.

Die wichtigsten Wesensmerkmale von Kennziffern sind durch ihren Informationscharakter, ihre Quantifizierbarkeit und die jeweils spezifische Form ihrer Information geprägt. Generell lassen sich Kennzahlen nach verschiedenen Kriterien einordnen. Zweckdienlich erscheint zunächst die Unterscheidung in absolute und relative Kennzahlen.

Absolute Kennzahlen zeichnen sich ausnahmslos durch die Aussagekraft ihres jeweiligen Wertes aus. Als Relative Kennzahl wird eine Kennziffer dann bezeichnet, wenn sie zwei unterschiedliche Werte zu einer neuen Kennzahl mit (neuer) signifikanter Aussagekraft miteinander verbindet. Die Stärke einer relativen Kennzahl hängt dabei essentiell vom sachlichen Zusammenhang der zu vergleichenden Größen ab.

Weiterhin wird allgemein zwischen drei unterschiedlichen Kennzahlenarten, den Gliederungs-, Beziehungs- und Indexkennzahlen unterschieden.

Gliederungskennzahlen werden zum Vergleich zweier gleichartiger aber ungleichrangiger Größen gebildet. Also zwischen einer Teilmenge und einer ihr übergeordneter Gesamtmenge.

Beziehungszahlen bilden das Verhältnis zweier Größen ab, die zueinander ungleichartig aber gleichrangig sind.

Indexzahlen werden zum Vergleich zweier gleichartiger und gleichrangiger Größen gebildet, die sich aber durch einen unterschiedlichen Zeitbezug voneinander unterscheiden.

Als Informationsbasis bieten Kennzahlen unternehmensinternen Personen und – soweit sie diesen vorliegen bzw. zugänglich sind – auch unternehmensexternen Personen die Möglichkeit, sich zu einem bestimmten Sachverhalt, der sich aus der jeweiligen Zielrichtung zeigt, Informationen in konzentrierter Form zu erhalten.

Wie oben bereits angesprochen, verfügen einzelne Kennzahlen oftmals lediglich über einen begrenzten, für sich allein genommen fehlerhaften Aussagewert. Dieser ist eindeutig von der Qualität des zugrundeliegenden Informationssystems abhängig und gilt ebenfalls für den Fall, dass der gedankliche Hintergrund, vor dem die jeweilige Kennzahl eingeordnet und gegebenenfalls interpretiert wird.

Hier bieten Kennzahlensysteme, die Kennzahlen über mathematische oder sachlogische Anordnungen miteinander verbinden, eine gewisse Abhilfe. Ihr Einsatz eröffnet zudem die Möglichkeit, die Grenzen der Aussagekraft einzelner isoliert betrachteter Kennzahlen zu überwinden.

Zu bedenken ist weiterhin, dass mit der Verwendung bzw. Einbeziehung einzelner Kennzahlen im Rahmen einer Analyse hinsichtlich ihrer Auswahl immer die Gefahr einer gewissen Beliebigkeit gegeben ist. Dies schließt damit auch die Zielsetzung einer gewissen Manipulationsabsicht ein. Hier wirkt der Einsatz eines Kennzahlensystems vorbeugend.

2 Finanzwirtschaftliche Kennzahlen

Die finanzwirtschaftlichen Kennzahlen werden im Rahmen der externen- und internen Bilanzanalyse eingesetzt.

Diese Kennzahlen, auch als Standardkennzahlen bezeichnet, werden zur Untersuchung verschiedener Analysefelder eingesetzt. Im Wesentlichen richtet sich hierbei die Analyse auf die Vermögensstruktur, die Investitions- und Abschreibungspolitik, die Kapitalstruktur, die Liquidität einschließlich Finanzierung und die Rentabilität der Unternehmung.

2.1 Vermögensstrukturanalyse

Die Vermögensstruktur charakterisiert die Zusammensetzung des Unternehmensvermögens. In ihrer Grobstruktur wird sie im Regelfall zunächst durch die nachfolgenden Kennzahlen Anlageintensität und Umlaufintensität beschrieben. Die Kennziffer der Vermögensintensität beleuchtet dagegen die Intra-Vermögensstruktur näher.

Die anschließend aufgeführten Intensitätskennzahlen geben erste Hinweise auf das langfristig gebundene Vermögen. Grundsätzlich sollten ihre Werte vor dem Hintergrund der Branchenzugehörigkeit und dem unternehmensindividuellen Tätigkeitsschwerpunkt des Unternehmens sowie der möglichen Dauer der Kapitalbindung eingeordnet werden.

In der Literatur wird häufig unterstellt, dass bei einem hohen Anteil des Umlaufvermögens am Gesamtvermögen und damit eines entsprechenden geringeren Anteils des Anlagevermögens am Gesamtvermögen, die finanz- und erfolgswirtschaftliche Stabilität einer Unternehmung positiv zu beurteilen sei.

Zur Begründung wird ausgeführt, dass eine umfangreichere kurzfristige Vermögensbindung bei geringerem Fixkostenanteil die Erfolgselastizität erhöht. Dieser Annahme kann nicht unbedingt gefolgt werden, da die Ursache für ein hohes Umlaufvermögen auch in einer überhöhten Lagerhaltung liegen kann. Eine weitergehende Analyse sollte hier daher grundsätzlich erfolgen.

Zur näheren Einschätzung der maschinellen Ausstattung werden zumeist die beiden Kennziffern Intensität der maschinellen Ausstattung I und II herangezogen. Ihre Werte geben allerdings nur erste grobe Hinweise auf die maschinelle Ausstattung des Unternehmens.

Die Kennzahl Vermögensintensität ist in ihrer Ausprägung nicht immer eindeutig interpretierbar, da hier das Bild beispielsweise durch die Investitionspolitik der Vergangenheit oder eine erfolgreich durchgeführte Rationalisierung der Lagerhaltung nachhaltig beeinflusst werden kann.

Die Kennziffer zur Intensität des immateriellen Vermögens gibt einen Anhaltspunkt auf die Bedeutung der immateriellen Vermögenswerte im laufenden Geschäftsprozess. Sie weist bei sorgfältiger Analyse in der zeitlichen Entwicklung darauf hin, inwieweit sich im Branchenvergleich Abweichungen eingestellt haben.

Die Aussagequalität der Vermögensstrukturanalyse kann unter Umständen durch die Einbeziehung einzelner Kennzahlen zu verschiedenen Umsatzrelationen, wie die Sachanlagen-Bindung, die Vorräte-Bindung, die Fertigerzeugnis-Bindung und Forderungs-Bindung qualitativ verbessert werden. Hier schlagen sich in den Kennzahlen ggf. die Ergebnisse unternehmerischer Maßnahmen nieder, die zusammen mit unternehmensexternen Einflüssen die Unternehmensprozesse nachhaltig beeinflussen.

Anlagenintensität	$= \dfrac{\text{Anlagevermögen}}{\text{Gesamtvermögen}} \times 100(\%)$

Umlaufintensität	$= \dfrac{\text{Umlaufvermögen}}{\text{Gesamtvermögen}} \times 100(\%)$

Vermögensintensität	$= \dfrac{\text{Anlagevermögen}}{\text{Umlaufvermögen}} \times 100(\%)$

Intensität der maschinellen Ausstattung I	$= \dfrac{\text{Maschinen und maschinelle Anlagen}}{\text{Gesamtvermögen}} \times 100(\%)$

Intensität der maschinellen Ausstattung II	$= \dfrac{\text{Maschinen und maschinelle Anlagen}}{\text{Sachanlagevermögen}} \times 100(\%)$

Intensität des immateriellen Vermögens	$= \dfrac{\text{immaterielle Vermögenswerte}}{\text{Gesamtvermögen}} \times 100(\%)$

Sachanlagen-Bindung	$= \dfrac{\text{Sachanlagevermögen}}{\text{Umsatzerlöse}} \times 100(\%)$

Vorräte-Bindung	$= \dfrac{\text{Vorräte}}{\text{Umsatzerlöse}} \times 100(\%)$

Fertigerzeugnis-Bindung	$= \dfrac{\text{Fertigerzeugnisse und Waren}}{\text{Umsatzerlöse}} \times 100(\%)$

Forderungs-Bindung	$= \dfrac{\text{Forderungen aus Lieferungen und Leistungen}}{\text{Umsatzerlöse}} \times 100(\%)$

2.2   Analyse der Investitions- und Abschreibungspolitik

Nähere Erkenntnisse im Hinblick auf das Unternehmenswachstum soll die Untersuchung dieses Fragenkomplexes mit Hilfe der nachstehend abgebildeten Kennziffern vermitteln.

Zur Einschätzung der Altersstruktur des Anlagenbestandes wird in der Literatur zumeist auf die Kennziffer Anlagenabnutzungsgrad hingewiesen. Deren Aussagequalität sollte aber nicht überschätzt werden, da ein bilanziell ermittelter Abnutzungsgrad den tatsächlichen zumeist nicht erfasst. Zudem verfügt der externe Analyst über keinerlei Kenntnis im Hinblick auf die ursprünglichen Anschaffungskosten, die Nutzungsdauern sowie die angewendeten Abschreibungsmethoden. In jedem Fall sollte die Entwicklung dieser Kennziffer im Zeitvergleich untersucht werden.

Die Investitionsquote beschreibt den Umfang oder das Maß der vorgenommenen Zukunftsvorsorge einer Unternehmung. Inwieweit Wachstum generiert wurde, zeigt der realisierte Umfang der Wachstumsquote an. Reelles Wachstum wurde erreicht, wenn die über mehrere Jahre beobachtete stabile Wachstumsquote einen Wert > 1 aufweist. Präsentiert die Wachstumsquote einen Wert < 1, liegt ein Substanzverzehr vor.

Die Kennzahl der Abschreibungsquote wird herangezogen um zu untersuchen, ob und ggf. in welchem Maße zu Lasten des Gewinns durch Abschreibungen stille Reserven gebildet oder aufgelöst wurden. Eine steigende Quote verweist auf die Bildung stiller Reserven, eine rückläufige Quote auf die Auflösung stiller Reserven.

In diesem Zusammenhang ist die Kenntnis von der Kapitalbindungsdauer einzelner Vermögensgegenstände von erheblicher Bedeutung, da sie die Höhe des Kapitalbedarfs positiv oder negativ beeinflusst.

Zur Umschlagshäufigkeit einzelner Vermögensteile innerhalb eines bestimmten Zeitraums informieren verschiedene Umschlagskoeffizienten. Die Bildung ihres jeweiligen reziproken Wertes, erlaubt die Darstellung der Umschlagsdauer bzw. Bestandsreichweite.

Die Analyse des eingeräumten oder des in Anspruch genommenen Kundenziels ermöglicht gewisse Rückschlüsse auf die finanzielle Lage der Abnehmer. Insofern sollte die Entwicklung dieser Kennziffer laufend beobachtet werden, da Zahlungsverzögerungen die eigene Liquidität nachhaltig beeinflussen können. Nicht zu vergessen ist in diesem Zusammenhang aber, dass sich die gezielte die Ausgestaltung des Kundenziels ein absatzpolitisches Instrument anbietet.

Anlagenabnutzungsgrad	$= \dfrac{\text{kummulierte Abschreibungen auf Sachanlagen}}{\text{historische Anschaffungskosten der Sachanlagen}} \times 100(\%)$

Investitionsquote	$= \dfrac{\text{Nettoinvestitionen in SachAV}}{\text{Sachanlagen zu historischen Anschaffungskosten}}$ wobei: SachAV =Sachanlagevermögen

Wachstumsquote	$= \dfrac{\text{Nettoinvestitionen in SachAV}}{\text{Abschreibungen des Geschäftsjahres auf SachAV}}$ wobei: SachAV =Sachanlagevermögen

Abschreibungsquote	$= \dfrac{\text{Abschreibungen des Geschäftsjahres auf SachAV}}{\text{SachAV zu historischen Anschaffungskosten}}$ wobei: SachAV =Sachanlagevermögen

Umschlagshäufigkeit	$= \dfrac{\text{Abgang in der Periode}}{\text{durchschnittlicher Bestand}} \times 100(\%)$ wobei: durchschnittlicher Bestand = arithmetisches Mittel aus Anfangs- und Endbestand

Umschlagsdauer (in Tagen)	$= \dfrac{\text{durchschnittlicher Bestand}}{\text{Abgang in der Periode}} \times 365$ wobei: durchschnittlicher Bestand = arithmetisches Mittel aus Anfangs- und Endbestand
Umschlagshäufigkeit des Anlagevermögens	$= \dfrac{\text{Abschreibungen auf das AV} + \text{Abgänge}}{\text{AV zu hist. Anschaffungs- oder Herstellungskosten}}$ wobei: AV = Anlagevermögen durchschnittlicher Bestand, wobei durchschnittlicher Bestand = arithmetisches Mittel aus Anfangs- und Endbestand hist.= historischen
Umschlagshäufigkeit des Umlaufvermögens	$= \dfrac{\text{Umsatzerlöse}}{\text{durchschnittlicher Bestand des Umlaufvermögens}}$ wobei: durchschnittlicher Bestand = arithmetisches Mittel aus Anfangs- und Endbestand
Umschlagshäufigkeit des Gesamtkapitals	$= \dfrac{\text{Umsatzerlöse}}{\text{durchschnittlich eingesetztes Gesamtkapital}}$ wobei: durchschnittlich eingesetztes Gesamtkapital = arithmetisches Mittel aus Anfangs- und Endbestand des Gesamtkapitals
Kundenziel	$= \dfrac{\text{durchschnittlicher Bestand an Warenforderungen}}{\text{Umsatzerlöse}} \times 365$ wobei: durchschnittlicher Bestand = arithmetisches Mittel aus Anfangs- und Endbestand

2.3   Kapitalstrukturanalyse

Die eingehende Kenntnis von der Kapitalstruktur des Unternehmens ist von essentieller Bedeutung, da sie Aussagen zur Eigenkapitalausstattung sowie über die Proportionierung der Kapitalquellen zueinander und damit zugleich zur Eigenkapital-Fremdkapital-Strukturierung zulässt.

Traditionell werden in der Literatur und Praxis in diesem Zusammenhang zunächst die Eigenkapitalquote, der Statische Verschuldungsgrad I und der Anspannungsgrad I (Fremdkapitalquote oder Verschuldungsquotient) als die klassischen Kennzahlen genannt bzw. zur Analyse herangezogen.

Zumeist werden der Statische Verschuldungsgrad I und der Anspannungsgrad I in erweiterter Form als Statischer Verschuldungsgrad II und als Anspannungsgrad II im Rahmen der Untersuchung berücksichtigt, um auf diese Weise die gem. § 285 Nr. 3 HGB gesondert angabepflichtigen sonstigen Verpflichtungen einzubeziehen.

Die Kennzahlen werden zur Beurteilung der Kapitalausstattung des Unternehmens sowie die Einhaltung der Kapitalstrukturregeln, die auf die Art und Zusammensetzung des Kapitals ausgerichtet sind, herangezogen. Sie sollen damit dem Analysten anhand einer bestimmten Normvorstellung einen Anhalt über die optimale Kapitalausstattung und damit die finanzielle Stabilität des Unternehmens durch den Vergleich von Normwert zum ermittelten rechnerischen Wert vermitteln.

Das geforderte Verhältnis Eigenkapital:Fremdkapital schlägt sich in der Vertikalen Kapitalstrukturregel nieder. Die von der Praxis geforderte entsprechende Normvorstellung (zunächst EK : FK 1 : 1, später EK : FK 1 : 2) wurde aber im Zeitablauf erheblich aufgeweicht und manifestiert sich heute in der Norm EK : FK 1 : 3.

Ein allgemein anerkannter und damit gültiger Normwert für die Eigenkapitalquote existiert damit jedoch nicht, da die Höhe entsprechend der Rechtsform, Größe und Branchenzugehörigkeit der einzelnen Unternehmung schwankt. Dies belegen Untersuchungen der Deutschen Bundesbank.

Den drei folgenden Kennzahlen, die auf die Fristigkeit des Kapitals abstellen, wie:

- – langfristiges Kapital : Gesamtkapital,

- – kurz- und mittelfristiges Fremdkapital : Gesamtkapital,

- – kurzfristiges Fremdkapital : gesamtes Fremdkapital,

wird insbesondere im Hinblick auf die Einschätzung der Fristigkeitsstruktur des Kapitals und damit zur Begutachtung des möglichen Kapitalentzugsrisikos besondere Beachtung gewidmet. Unterstellt wird, dass das Kapitalentzugsrisiko mit zunehmendem (abnehmendem) lang- bzw. längerfristigem Kapitalanteil sinkt (steigt).

Die Effektivität der Kapitalstruktur einer Unternehmung kann nur unter Beachtung folgender Faktoren beurteilt werden. Einbezogen werden in diesem Zusammenhang die gewichteten

Kapitalkosten der Unternehmung, die geforderte Mindestrendite des eingesetzten (Gesamt-) Kapitals r(GK) unter Berücksichtigung der Kapitalstruktur, die Eigenkapitalrendite und des Fremdkapitalzinses mit Hilfe der entsprechend weiter unten dargestellten Formel.

Inwieweit die Mindestrendite des Gesamtkapitals realisiert wurde, lässt sich unter Einsatz der unten vorgestellten Formel prüfen. Zu berücksichtigen ist aber in diesem Zusammenhang die geforderte Mindestrendite, die naturgemäß individuell festgelegt wird.

Zur Begutachtung der Effektivität einer gegebenen Kapitalstruktur bietet sich der Leverage-Index an, der die Effektivität der vorliegenden Kapitalstruktur demonstriert.

Ist sein Wert > 1, weist er auf das Vorliegen einer Leverage-Chance hin, während ein Wert von < 1 die Indikation einer Leverage-Gefahr signalisiert.

Die Fremdkapitalzinslast zeigt die effektive prozentuale Belastung des Fremdkapitals durch Zinsen und ähnliche Aufwendungen.

Die Entwicklung der Rücklagenquote über den Zeitraum mehrer zurückliegender Jahre eröffnet einen Einblick über die Ertragslage des Unternehmens indem sie demonstriert, in welchem Ausmaß die Unternehmung in der Lage ist, die Haftungsbasis durch Gewinnthesaurierung zu verbreitern.

Der Selbstfinanzierungsgrad belegt vergangenheitsbezogen die Thesaurierungsfähigkeit des Unternehmens. Bedingt durch den Tatbestand, dass Kapitalerhöhungen aus Gesellschaftsmitteln die Aussagequalität beeinflussen können, wird eine Analyse, die diesen Aspekt bewertet, über mehrere Jahre rückwirkend empfohlen.

Die Bestimmung des bilanziellen oder rechnerischen Eigenkapitals erfolgt bei Kapitalgesellschaften nach folgendem Muster (bei Unterstellung nach teilweiser Gewinnverwendung):

Gezeichnetes Kapital
./. ausstehende Einlagen
 + Kapital- und Gewinnrücklagen
 + Bilanzgewinn (./. Bilanzverlust)
 + Eigenkapitalanteil des Sonderpostens mit Rücklagenanteil (hilfsweise 50%)
./. aktiviertes Disagio
= **bilanzielles oder rechnerisches Eigenkapital**

Abb. 1: Bestimmung des bilanziellen oder rechnerischen Eigenkapitals

Die Aufgliederung des Fremdkapitals erfolgt unter Fristigkeitsgesichtspunkten bei Bilanzierung nach HGB entsprechend den folgenden drei Schemata, dargestellt in den Abbildungen Nr. 2, 3 und 4.

Verbindlichkeiten mit einer Restlaufzeit von bis zu 1 Jahr
+ kurzfristige Rückstellungen
+ passive Rechnungsabgrenzung
= kurzfristiges Fremdkapital

Abb. 2: Kurzfristiges Fremdkapital

Verbindlichkeiten
./. langfristige Verbindlichkeiten mit einer Restlaufzeit von 5 über Jahren gem. Angabe im Anhang
+ Fremdkapital des Sondervermögens mit Rücklagenanteil (hilfsweise 50 %)
+ kurzfristige Rückstellungen (sonstige Rückstellungen + Steuerrückstellungen)
+ passive Rechnungsabgrenzung
= kurz- und mittelfristiges Fremdkapital

Abb. 3: Kurz- und mittelfristiges Fremdkapital

langfristige Verbindlichkeiten
+ Stiftungen und Darlehen von betriebszugehörigen Pensions- und Unterstützungskassen (soweit nicht eine wirtschaftliche Zurechnung zum Eigenkapital gerechtfertigt erscheint)
+ langfristige Rückstellungen (insbesondere Pensionsrückstellungen
= langfristiges Fremdkapital

Abb. 4: Langfristiges Fremdkapital

Eigenkapitalquote	$= \dfrac{\text{Eigenkapital}}{\text{Gesamtkapital}} \times 100(\%)$
Statischer Verschuldungsgrad I	$= \dfrac{\text{Fremdkapital}}{\text{Eigenkapital}} \times 100(\%)$
Anspannungsgrad I (Verschuldungsquotient oder Fremdkapitalquote)	$= \dfrac{\text{Fremdkapital}}{\text{Gesamtkapital}} \times 100(\%)$

Statischer Verschuldungsgrad II	$= \dfrac{FK + \text{sonstige finanzielle Verpflichtungen}}{\text{Eigenkapital}} \times 100(\%)$ wobei: FK = Fremdkapital

Anspannungsgrad II	$= \dfrac{FK + \text{sonstige finanzielle Verpflichtungen}}{\text{Gesamtkapital}} \times 100(\%)$ wobei: FK = Fremdkapital

Langfristiges Kapital : Gesamtkapital	$= \dfrac{\text{Eigenkapital} + \text{langfristiges Fremdkapital}}{\text{Gesamtkapital}} \times 100(\%)$

Kurz- und mittelfristiges Fremdkapital : Gesamtkapital	$= \dfrac{\text{kurz- und mittelfristiges Fremdkapital}}{\text{Gesamtkapital}} \times 100(\%)$

Kurzfristiges Fremdkapital : gesamtes Fremdkapital	$= \dfrac{\text{kurzfristiges Fremdkapital}}{\text{gesamtes Fremdkapital}} \times 100(\%)$ oder: $= \dfrac{\text{Verbindlichk. aus L\&L} + \text{kurzfr. Verbindlichk.}}{\text{gesamtes Fremdkapital}} \times 100(\%)$ wobei: Verbindlichk. = Verbindlichkeiten L&L = Lieferungen u. Leistungen

Mindestrendite des Gesamtkapitals (r_{GK})	$$= r_{(EK)} \times \frac{EK}{EK+FK} + p \times \frac{FK}{EK+FK}$$ wobei: EK = Eigenkapital FK = Fremdkapital $r_{(EK)}$ = Rentabilität des Eigenkapitals p = Fremdkapitalzinsfuß
Eigenkapitalrentabilität (R_{EK})	$$= R_{GK} + \left(R_{GK} - i \right) \times \frac{FK}{EK}$$ wobei: R_{EK} = Eigenkapitalrentabilität R_{GK} = Gesamtkapitalrentabilität EK = Eigenkapital FK = Fremdkapital i = Fremdkapitalzinsfuß
Gesamtkapitalrentabilität ($r_{(GK)}$)	$$= \frac{\text{EBIT-Ertragssteuern}}{\text{Gesamtkapital}} \times 100(\%)$$
Leverage Index	$$= \frac{\text{Eigenkapitalrentabilität}}{\text{Gesamtkapitalrentabilität}}$$
Fremdkapitalzinslast	$$= \frac{\text{Zinsen und ähnliche Aufwendungen}}{\text{Fremdkapital}} \times 100(\%)$$
Rücklagenquote	$$= \frac{\text{gesamte Rücklagen}}{\text{Eigenkapital}} \times 100(\%)$$
Selbstfinanzierungsgrad	$$= \frac{\text{Gewinnrücklagen}}{\text{Eigenkapital}} \times 100(\%)$$

2.4   Liquiditäts- und Finanzierungsanalyse

Die Liquiditätsanalyse als spezifisches Untersuchungsverfahren dient der Fragestellung, inwieweit die Unternehmung zur Erhaltung ihrer Zahlungsfähigkeit in der Lage ist. Dem Zweck der Untersuchung dienen zwei unterschiedliche Ansätze. Es sind dies einerseits die bestandsorientierte (zeitpunkt-bezogene) Liquiditätsanalyse und andererseits die stromgrößenorientierte (dynamische oder zeitraumbezogene) Liquiditätsanalyse.

2.4.1   Bestands-orientierte Analyse

Im Zuge der bestandsorientierten Liquiditätsanalyse werden Vermögensteilen zu Verbindlichkeiten unter Fristigkeitsgesichtspunkten in Relation gesetzt. Die im folgenden Ablauf notwendigen Angaben der zur Kennzahlenbildung erforderlichen Daten, werden aus den Bilanzbeständen gewonnen.

Die Kapital- und die Finanzierungsstruktur einer Unternehmung können unter Finanzierungs- und Liquiditätsgesichtspunkten nicht voneinander getrennt werden. Daher werden sie unter Einbeziehung der sog. Finanzierungs- und Liquiditätsregeln diagnostiziert.

Mit der goldenen Finanzierungs- und der goldenen Bilanzregel existieren zwei klassische Regelwerke. Sie fordern, dass der Kapitalbedarf seiner zeitlichen Bindung entsprechend finanziert sein muss, oder, dass die Kapitalbindungs- und Kapitalüberlassungsdauern deckungsgleich bzw. fristenkongruent sein müssen. Dies bedeutet: langfristige Investitionen sind durch langfristiges Kapital (Eigenkapital und/oder langfristiges Fremdkapital) zu finanzieren, kurzfristige Investitionen sind durch kurzfristiges Kapital zu decken.

Angenommen wird, dass die Unternehmung bei konsequenter Beachtung der unten dargestellten Regelwerke jegliches Fristentransformationsrisiko ausschließt und somit das finanzielle Gleichgewicht wahrt.

Die Goldene Finanzierungsregel fordert die Einhaltung der beiden angesprochenen dargestellten Relationen in den jeweiligen Mindestnormen. Durch die Goldene Bilanzregel in ihren beiden Ausprägungen (engere und weitere Fassung) erhält die Goldene Finanzierungsregel eine weitere Operationalisierung.

Grundsätzlich leuchten die Überlegungen, die sich in ihrer Formulierung niederschlagen, zunächst ein. Allerdings garantiert die Einhaltung der hier aufgestellten Vorschriften keineswegs den Ausschluss des Geldanschlussproblems. Diese Angelegenheit wird bei diesem Ansatz lediglich bei einem einmaligen Investitionszyklus ausgeschlossen. Die Kritik richtet sich weiterhin auf das Dilemma, dass bei der Stichtagsbezogenheit einer Bilanz die Kapitalbindungs- und die Kapitalüberlassungsfristen schwer definierbar sind. Zudem können die Vermögens- und Finanzierungsteile der Unternehmung einander nicht eindeutig zugeordnet werden. Auch werden die spezifischen Vermögens- und Finanzierungsverhältnisse der Unternehmung nicht erschöpfend berücksichtigt.

Immerhin werden im Rahmen einer Analyse mit Hilfe der nachstehend aufgeführten Kennziffern zur Goldenen Finanzierungs- und Goldenen Bilanzregel dem Analysten gewisse Anzeichen zum Finanzierungsverhalten des Unternehmens während des Untersuchungszeitraums gegeben. Die Entwicklung der Werte sollte für die einzelne Unternehmung grundsätzlich über einen längeren Zeitverlauf beobachtet werden. Auch ein Vergleich mit den entsprechenden Ergebnissen zu Unternehmen der gleichen Branche, Größe und Rechtsform ist in diesem Zusammenhang sinnvoll.

Die Goldene Bilanzregel wird im Regelfall durch die anschließend abgebildeten Kennzahlen der Anlagedeckungsgrade A und B substituiert. Eine Normvorstellung hinsichtlich des Deckungsgrades A besteht zwar nicht. Wird der Wert von 100 % überschritten, was nur äußerst selten vorkommt, ist die Goldene Bilanzregel im engeren Sinne erfüllt. Die einzuhaltenden Mindeststandards sollten grundsätzlich branchenbezogen formuliert werden.

Der Deckungsgrad B entspricht der Goldenen Bilanzregel im weiteren Sinne. Allgemein wird ein einzuhaltender Wert von 80 % erwartet. Allerdings sollten auch hier im Vergleich zu anderen Unternehmen die jeweils branchentypischen Voraussetzungen und Entwicklungen berücksichtigt werden.

Die sich hier anschließen klassischen Liquiditätskennzahlen Liquidität 1., 2. und 3. Grades unterscheiden sich durch die andersgeartete Fristigkeit der jeweils zu berücksichtigenden Vermögenspositionen.

Für die Liquidität 1.Grades als Maßstab gilt, in welchem Umfang die liquiden Mittel die kurzfristigen Verbindlichkeiten decken. Der ermittelte Wert dürfte im Regelfall deutlich unter 100 % liegen. Er belegt aber nicht, ob sich die Unternehmung im Bilanzzeitpunkt im finanziellen Gleichgewicht befindet, da die nicht ausgeschöpften Kreditreserven des Unternehmens unberücksichtigt bleiben.

Die Liquidität 2. Grades soll demonstrieren, in welchem Maße die Unternehmung unter Einbeziehung ihres Umlaufvermögens mit hoher künstlicher Liquidität die kurzfristigen Verbindlichkeiten abdecken kann. Allerdings besitzt der externe Analyst keine Kenntnis über die die offenen Kreditlinien. Die Werte dieser Kennzahl differieren branchenabhängig und bewegen sich zumeist zwischen 80 und 90 %.

Die Liquidität 3. Grades will einen Hinweis darauf geben, inwiefern die Unternehmung in der Lage ist, die kurzfristigen Verbindlichkeiten durch die Verflüssigung ihres gesamten Umlaufvermögens abzudecken. Da die künstliche Liquidität großer Teile des Umlaufvermögens im Regelfall länger als ein Jahr dauert, wäre sie aber kurzfristig nur unter Hinnahme hoher Disagios möglich. Branchenabhängig sind für die Liquidität 3. Grades Werte zwischen 160 und 190 % erfolgreich.

Auch für die Liquiditätskennzahlen gilt, dass sie nur dann aussagekräftig sind, wenn sie im langfristigen Zeitvergleich über mehrere Perioden beobachtet und zudem im Rahmen der Analyse entsprechende Branchenvergleichswerte berücksichtigt werden.

In die Liquiditätsanalyse wird oftmals die verschieden interpretierbare Kennzahl Working Capital einbezogen. Diese Kennziffer dient im Regelfall als Indikator für die Finanzkraft der

Unternehmung. Sie entspricht im Wesentlichen der oben angesprochenen Liquidität 3. Grades. Teilweise wird sie in der Literatur auch als Working Capital Ratio geschrieben.

Schließlich wird hier auf die absolute Kennzahl Effektivverschuldung hingewiesen, die nachstehend in zwei verschiedenen Ausprägungen aufgeführt ist.

Die Kennziffer Effektivverschuldung I erfasst im Gegensatz zur Effektivverschuldung II nicht die Rückstellungen für Pensionen und ähnliche Verpflichtungen, da diese im Regelfall als eigenkapitalähnliche Mittel angesehen werden. Diese Schwäche wird in der erweiterten Form der Kennziffer, der Effektivverschuldung II, behoben. Beide Kennzahlen werden oftmals zur Einschätzung des mit der Verschuldung einhergehenden Risikos eingesetzt.

Goldene Finanzierungsregel	$(1)\ \dfrac{\text{langfristiges Vermögen}}{\text{langfristiges Kapital}} \leq 1$ $(2)\ \dfrac{\text{kurzfristiges Vermögen}}{\text{kurzfristiges Kapital}} \geq 1$

Goldene Bilanzregel	engere Fassung: $=\dfrac{\text{Eigenkapital} + \text{langfristiges Fremdkapital}}{\text{Anlagevermögen}} \geq 1$ weitere Fassung: $\dfrac{\text{Eigenkapital} + \text{langfristiges Fremdkapital}}{\text{AV} + \text{langfristig gebundene Teile des UV}} \geq 1$ wobei: AV = Anlagevermögen UV = Umlaufvermögen

Anlagendeckungsgrad A	$=\dfrac{\text{Eigenkapital}}{\text{Anlagevermögen}} \times 100\,(\%)$

Anlagendeckungsgrad B	$=\dfrac{\text{Eigenkapital} + \text{langfristiges Fremdkapital}}{\text{Anlagevermögen}} \times 100\,(\%)$

Liquidität 1. Grades	$= \dfrac{\text{Zahlungsmittel}}{\text{kurzfristige Verbindlichkeiten}} \times 100(\%)$ wobei: Zahlungsmittel = Kasse + Bankguthaben + Schecks kurzfristige Verbindlichkeiten = sämtliche Bilanzpositionen, die einen zeitlich entsprechende Zahlungsmittelabfluss induzieren können

Liquidität 2. Grades	$= \dfrac{\text{monetäres Umlaufvermögen}}{\text{kurzfristige Verbindlichkeiten}} \times 100(\%)$ wobei: monetäres Umlaufvermögen = Umlaufvermögen ./. (Vorräte und sonstige Vermögensgegenstände) kurzfristige Verbindlichkeiten = sämtliche Bilanzpositionen, die einen zeitlich entsprechende Zahlungsmittelabfluss induzieren können

Liquidität 3. Grades Kurrent Ratio	$= \dfrac{\text{kurzfristiges Umlaufvermögen}}{\text{kurzfristige Verbindlichkeiten}} \times 100(\%)$ wobei: kurzfristiges Umlaufvermögen = Umlaufvermögen ./. Teile, die soweit ersichtlich, nicht innerhalb eines Jahres liquidiert werden können ./. Vorräte, die durch Kundenanzahlungen gedeckt sind. kurzfristige Verbindlichkeiten = sämtliche Bilanzpositionen, die einen zeitlich entsprechende Zahlungsmittelabfluss induzieren können

Working Capital	Umlaufvermögen (soweit innerhalb eines Jahres liquidierbar) ./. kurzfristige Verbindlichkeiten **= Working Capital**

Working Capital Ratio	$= \dfrac{\text{Umlaufvermögen}}{\text{kurzfristige Verbindlichkeiten}}$

Effektivverschuldung I (im engeren Sinn)	kurz- u. mittelfristige Finanzmittel + Verbindlichkeiten mit einer Restlaufdauer > 5 Jahren = Gesamtschulden (einschl. kurzfristige Rückstellungen und Dividenden) monetäres Umlaufvermögen (– Forderungen mit einer Restlaufzeit > 1 Jahr) = **Effektivverschuldung I**

Effektivverschuldung II (im weiteren Sinn)	Effektivverschuldung I + Rückstellungen für Pensionen und ähnliche Verpflichtungen = **Effektivverschuldung II**

2.4.2 Stromgrößen-orientierte Analyse

Da im Rahmen der bestandsorientierten Liquiditätsanalyse das Zahlenmaterial der Gewinn-und Verlustrechnung unberücksichtigt bleibt, können mit Hilfe dieses Instruments bestimmte regelmäßige Zahlungsverpflichtungen nicht erkannt und damit auch nicht in die Liquiditäts-analyse einbezogen werden. Zudem ist eine Erfolgsanalyse durch eine eingehende Auswer-tung des Zahlenmaterials der Gewinn- und Verlustrechnung in diesem Zusammenhang un-entbehrlich. Schließlich lassen sich aus aufeinander folgenden Bilanzen durch die Bildung von hierbei auftretenden Bestandsdifferenzen stromgößen-orientierte Kennzahlen erzeugen.

Mit Hilfe der Kennzahl für den Liquiditätskreislauf ist die Bestimmung der durchschnittli-chen zeitlichen Dauer, innerhalb derer die Liquidität im operativen Zyklus gebunden ist, möglich. Hier gilt allgemein, dass ein kurzer oder sich verkürzender Liquiditätskreislauf einem guten Liquiditätsmanagement zugeschrieben wird.

Des Weiteren wird der anschließend aufgeführte Liquiditätsindex zur Abschätzung der kurz-fristigen Liquidität eingesetzt. Auch er verwendet zu diesem Zweck die Umschlagsdauern des Vorrats- und Forderungsvermögens. Ein niedriger oder abfallender Liquiditätsindex, der sein Ergebnis in Tagen misst, weist auf eine gute oder sich tendenziell verbessernde Liquidi-tätssituation hin.

Die Kennzahl für den Debitorenumschlag in Tagen und die Debitorenumschlagsdauer infor-mieren über die durchschnittliche Zeitdauer, die zwischen der Leistung eines Unternehmens und Gegenleistung des Kunden verstreicht. Im Ergebnis demonstrieren die Kennzahlenwerte damit, wie lange es dauert, bis die Umsatzerlöse zu liquiden Mitteln werden. Sie geben nicht nur Hinweise auf das Zahlungsverhalten der Abnehmer sondern erlauben auch gewisse Rückschlüsse auf die Qualität das Liquiditätsmanagement und Mahnwesen des Unterneh-mens.

Umgekehrt verhält es sich mit der Kennziffer für den Kreditorenumschlag. Die festgestellte Entwicklung gibt Hinweise auf das eigene Zahlungsverhalten und damit mögliche Probleme im eigenen Liquiditätsmanagement. Eine zu lange Kreditorendauer deutet auf mögliche Liquiditätsprobleme der Unternehmung hin. Zugleich weist dieser Sachverhalt darauf hin, dass die Unternehmung möglicherweise eingeräumte Skontofristen überschreitet, was sich dann entsprechend rentabilitätsmindernd auswirkt.

Liquiditätskreislauf (Cash Conversion Cycle)	= Umschlagsdauer des Vorratsvermögens + Kundenziel ./. Lieferantenverbindlichkeiten oder: $$= \frac{\text{Forder.}}{\text{Umsatz}} \times 360 + \frac{\text{Vorräte}}{\text{Umsatz}} \times 360 \ ./. \ \frac{\text{Lv.}}{\text{Wareneingang}} \times 360$$ wobei: Forder. = Forderungen Lv. = Lieferantenverbindlichkeiten
Liquiditätsindex	$$= \frac{(\text{Forderungen} \times \text{Kundenziel}) + (\text{Vorräte} \times \text{operativer Zyklus})}{\text{Liquide Mittel} + \text{Forderungen} + \text{Vorräte}}$$
Debitorenumschlag	$$\text{Debitorenumschlag} = \frac{\text{Umsatzerlös} + \text{Mehrwertsteuer}}{\text{durchschn. Forderungen aus L.} + \text{L.}}$$ wobei: durchschn. = durchschnittliche L + L = Lieferungen und Leistungen
Debitorendauer in Tagen	$$= \frac{360}{\text{Debitorenumschlag}}$$
Kreditorenumschlag (in Tagen)	$$= \frac{360}{\text{Umschlagshäufigkeit}}$$ wobei: $$\text{Kreditorenumschlag} = \frac{\text{Materialaufwand} + \text{Mehrwertsteuer}}{\text{durchschnittliche Verbindlichkeiten}}$$

Cash Flow

Im Rahmen der Liquiditätsanalyse findet außerdem der Cash Flow (CF) als Indikator der Finanzkraft breite Anwendung.

Eine einheitliche bindende Begriffsextension existiert für den Cash Flow nicht. Er wird allgemein als finanzwirtschaftlicher Überschuss (Einnahmenüberschuss) einer Periode verstanden.

Die Ursache für die fehlende übereinstimmende Begriffsauslegung des Cash Flow-Begriffs liegt einerseits in der uneinheitlichen Zielrichtung bei seiner Anwendung, andererseits in der nicht immer gegebenen Erhältlichkeit der Daten und damit in der uneinheitlichen Berechnungsmethode (ggf. werden unterschiedliche Fonds in die Berechnung einbezogen).

Der Cash Flow lässt sich den drei folgenden Aktivitätsbereichen zuordnen und, wie unten dargestellt, aus der laufender Geschäfts-, der Investitions- und der Finanzierungstätigkeit generieren.

Bei interner Analyse wird der CF auf direktem Wege errechnet, indem von den Betriebseinnahmen die Betriebsausgaben subtrahiert werden.

Cash Flow (direkte Ermittlung)	Betriebseinnahmen (Zahlungswirksame Erträge) ./. Betriebsausgaben (zahlungswirksame Aufwendungen) **= Cash Flow**

Da bei externer Analyse nur die veröffentlichten Abschlüsse vorliegen, ist dieses Berechnungsverfahren nicht anwendbar. Daher erfolgt in diesem Fall die CF-Ermittlung auf indirektem Wege und zwar auf Basis der publizierten Daten nach folgendem Schema:

Cash Flow (Ermittlung: Indirekte Methode)	Bilanzgewinn (-verlust) + Zuführung zu den Rücklagen (./. Auflösung von Rücklagen) ./. Gewinnvortrag aus der Vorperiode (+ Verlustvortrag aus der Vorperiode) = Jahresüberschuss + Abschreibungen (./. Zuschreibungen) + Erhöhung der langfristigen Rückstellungen (./.Verminderung der langfristigen Rückstellungen) **= Cash Flow**

Cash Flow aus laufender Geschäftstätigkeit (Operativer Cash Flow)	EBIT ./. Steuern + Abschreibungen (-Zuschreibungen) ± Δ Langfristig Rückstellungen (exkl. Zinsanteil) ± Δ Gewinn / Verlust aus Abgang des Anlagevermögens + Δ Working Capital **= Cash Flow aus operativer (laufender) Geschäftstätigkeit**

Cash Flow aus Investitionstätigkeit	Auszahlungen für Investitionen in das Anlagevermögen + Auszahlungen für Investitionen in Finanzanlagen ± sonstige Aus- und Einzahlungen aus Investitionstätigkeit **= Cash Flow aus Investitionstätigkeit**

Cash Flow aus Finanzierungstätigkeit	Einzahlungen aus Eigenkapitalzuführungen ./. Auszahlungen an Unternehmenseigner + Einzahlungen aus Kreditaufnahmen u. Anleiheemission ./. Auszahlungen für Tilgung von Krediten und Anleihen ./. Zinsaufwendungen und andere Finanzdienstleistungskosten **= Cash Flow aus Finanzierungstätigkeit**

Im Rahmen der externen Analyse hat sich das folgende vereinfachte Berechnungsverfahren für die Cash Flow-Ermittlung durchgesetzt:

Cash Flow (Vereinfachter CF)	Jahresüberschuss / -fehlbetrag + Abschreibungen (./. Zuschreibungen) auf Anlagevermögen + Erhöhungen (./. Verminderungen) von langfristigen Rückstellungen **= Cash Flow**

Im Zuge der Finanzanalyse wird der Cash Flow insbesondere zur Untersuchung von vier verschiedenen Fragestellungen eingesetzt. Es sind dies die Innenfinanzierungskraft, die Schuldentilgungskraft, die Verschuldungsfähigkeit und die schließlich der kurzfristigen Insolvenzprognose bei jungen Unternehmen.

Erfolgt der Einsatz des Cash Flow als Indikator der Innenfinanzierungskraft, bietet sich, da sie allgemein als Gradmesser für die Investitionskraft einer Unternehmung angesehen wird, die Kennziffer Investitionsdeckung an. Sie demonstriert, in welchem Ausmaß die Unternehmung imstande ist, Investitionen ohne die Inanspruchnahme der Kredit- und Kapitalmärkte zu realisieren. Ihr errechneter Wert sollte eindeutig den Wert von 100% übersteigen. Ein hoher Kennzahlenwert kann sich aber auch durch niedrige Investitionen in der Vergangenheit ergeben. Aus diesem Grund sollten die die einbezogenen Ursprungswerte für mehrere zurückliegende Perioden eingehend überprüft werden.

Zur Einschätzung der Schuldentilgungskraft wird oftmals die Kennzahl für den Entschuldungsgrad herangezogen. Mit seiner Hilfe wird die Fähigkeit des Unternehmens, durch den Einsatz der erwirtschafteten Mittel zur vollständigen Schuldentilgung aus eigener Kraft demonstriert. Gemessen wird, in welchem Prozentsatz die Nettoverschuldung getilgt werden könnte.

Zur Begutachtung der Verschuldungfähigkeit der Unternehmung kann die Kennziffer Dynamischer Verschuldungsgrad zu Tilgungsdauer herangezogen werden. Sie misst in Jahren, welchen Zeitraum die Tilgung der Effektivschulden bzw. der Netto-Finanzschulden in Anspruch nehmen würde. Unterstellt wird hier, dass die Effektivverschuldung sich zwischenzeitlich nicht vergrößert. Für den Cash Flow wird Konstanz angenommen. Die Praxis präferiert diese Kennziffer eindeutig vor ihrem Kehrwert, dem oben bereits angesprochenen Entschuldungsgrad.

Die Analyse des langfristigen Finanzierungspotentials ist für jede Unternehmensleitung im Hinblick auf mittel- bis langfristige Entscheidungen von erheblicher Relevanz. Hier hilft der unten dargestellte Rechenansatz.

Mit Hilfe der Cash Burn Rate eröffnet sich schließlich insbesondere bei jungen Unternehmen die Möglichkeit aufzuzeigen, in welchem Zeitraum u.U. mit dem vollständigen Verbrauch der vorhandenen liquiden Mittel zu rechnen ist. Die Kennzahl bietet sich damit hier als Instrument der Insolvenzprognose an.

Nettoinvestitionsdeckung	$= \dfrac{\text{Cash Flow}}{\text{Netto-Anlagevinvestitionen}^{1}} \times 100(\%)$
	[1] Die Nettoinvestitionen werden aus der Differenz der Zugänge und aus den zum Restbuchwert bemessenen Abgänge ermittelt

Entschuldungsgrad	$= \dfrac{\text{Cash Flow}}{\text{Effektivverschuldung}} \times 100(\%)$

Dynamischer Verschuldungsgrad / Tilgungsdauer (in Jahren)	$= \dfrac{\text{Effektivverschuldung}}{\text{Cash Flow}}$

Langfristiges Finanzierungspotential	Working Capital + nicht ausgenutzte langfristige Kreditmöglichkeiten ./. langfristige Verbindlichkeiten, die kurzfristig fällig werden + kurzfristige Verbindlichkeiten, die als langfristig zu betrachten sind (gegebene Verlängerungszusage gegeben) ./. Teile des UV, die zu langfristig gebundenem Vermögen werden + langfristige Vermögensteile, die sich in kurzfristiges Umlaufvermögen umwandeln + ausstehende Einlagen und Nachschüsse, die kurzfristig eingefordert werden können **= langfristiges Finanzierungspotential**

Cash Burn Rate	$= \dfrac{\text{Liquide Mittel}\,(+\text{ liquiditätsnahe Titel})}{\text{negativer Cash Flow}}$

Kapitalflussrechnung

Als ein Instrument des liquiditätsorientierten Rechungswesens eröffnet die Kapitalflussrechnung einen näheren Einblick in die Finanzlage des Unternehmens.

Dieses Rechenwerk weist als eine weiterentwickelte finanzwirtschaftliche Bewegungsbilanz, einen ausgelagerten Finanzmittelfonds aus, dessen Veränderungen sie abbildet. Im Unterschied zur Bewegungsbilanz werden unter zusätzlicher Verwendung der Aufwands- und Ertragspositionen die Investitions- und Finanzierungsströme sowie die Auswirkungen auf die Liquidität dargestellt.

Die Kapitalflussrechnung bildet die Veränderung des Fonds der liquiden Mittel (Finanzmittelfond am Periodenende) getrennt für die drei Bereiche Laufende Geschäftätigkeit, Investitionstätigkeit und Finanzierungstätigkeit ab. Durch eine erweiterte Aufgliederung ist es möglich, die Ursachen der Mittelveränderungen in den einzelnen drei Bereichen aufzudecken und entsprechend abzubilden. Die Darstellung erfolgt mit Hilfe der indirekten Methode.

D.h., dass hier Ein- und Auszahlungen aus Aufwendungen und Erträgen sowie aus Veränderungen von Aktiva und Passiva abgeleitet werden.

Differenziert wird weiterhin nach dem Betrachtungszeitraum zwischen vergangenheitsorientierten Kapitalflussrechnung und der zukunftsorientierten Kapitalflussrechnungen.

Auf der Grundlage der vorliegenden Jahresabschlüsse versuchen die vergangenheitsorientierten Kapitalflussrechnungen die Zahlungsströme im Unternehmen aufzuzeigen.

Die zukunftsorientierten Kapitalflussrechnungen dienen dagegen als Prognose- und Planungsinstrument und stehen zur Beurteilung der künftigen Finanzlage und damit hinsichtlich der Zahlungsfähigkeit der Unternehmung zur Verfügung.

Nachstehend ist eine Kapitalflussrechnung nach der indirekten Methode gemäß den Empfehlungen des Deutschen Standardisierungsrats (DRS 2) abgebildet.

---

1. **Periodenergebnis (inkl. Ergebnisanteil von Minderheitengesellschaftern) vor außerordentlichen Posten**

2. +/– Abschreibungen / Zuschreibungen auf Gegenstände des Anlagevermögens
3. +/– Zunahme / Abnahme der Rückstellungen auf Gegenstände des Anlagevermögens
4. +/– Sonstige zahlungswirksame Aufwendungen / Erträge (z.B. Abschreibungen auf ein aktiviertes Disagio)
5. –/+ Gewinn/Verlust aus dem Abgang von Gegenständen des Anlagevermögens
6. –/+ Zunahme/Abnahme der Vorräte, der Forderungen aus Lieferungen und Leistungen sowie anderer Aktiva, die nicht der Investitions- oder Finanzierungstätigkeit zuzuordnen sind
7. +/– Zunahme/Abnahme der Verbindlichkeiten aus Lieferungen und Leistungen sowie anderer Passiva, die nicht der Investitions- oder Finanzierungstätigkeit zuzuordnen sind
8. +/– Ein- oder Auszahlungen aus außerordentlichen Posten

---

9. = **Mittelzufluss/-abfluss aus laufender Geschäftstätigkeit (operative cash flow)**

---

10.   Einzahlungen aus Abgängen von Gegenständen des Sachanlagevermögens
11. – Auszahlungen für Investitionen in das Sachanlagevermögen
12. + Einzahlungen aus Abgängen von Gegenständen des immateriellen Anlagevermögens
13. – Auszahlungen für Investitionen in das immaterielle Anlagevermögen
14. + Einzahlungen aus Abgängen von Gegenständen des Finanzanlagevermögens
15. – Auszahlungen für Investitionen in das Finanzanlagevermögen
16. + Einzahlungen aus dem Verkauf von konsolidieren Unternehmen und sonstigen Geschäftseinheiten
17. – Auszahlungen für den Erwerb von konsolidierten Unternehmen und sonstigen Geschäftseinheiten

18. +	Einzahlungen aufgrund von Finanzmittelanlagen im Rahmen kurzfristiger Finanzdisposition
19. −	Auszahlungen aufgrund von Finanzmittelanlagen im Rahmen kurzfristiger Finanzdisposition
20. =	**Mittelzufluss/-abfluss aus Investitionstätigkeit (investive cash flow)**
21.	Einzahlungen aus Eigenkapitalzuführung (Kapitalerhöhungen, Verkauf eigener Anteile etc.)
22. −	Auszahlungen an Unternehmenseigner und Minderheitengesellschafter (Dividenden, den Erwerb eigener Anteile etc.)
23. +	Einzahlungen aus der Begebung von Anleihen und der Aufnahme von (Finanz-) Krediten
24. −	Auszahlungen aus der Tilgung von Anleihen und (Finanz-)Krediten
25. =	**Mittelzufluss/-abfluss aus Finanzierungstätigkeit (finance cash flow)**
26.	Zahlungswirksame Veränderungen des Finanzmittelfonds (Summe aus Zeile 9, 20, 25)
27.+/−	Wechselkurs-, -bewertungs- und konsolidierungskreisbedingte Änderungen des Finanzmittelfonds
28. +	Finanzmittelfond am Anfang der Periode
29. =	**Finanzmittelbestand am Periodenende**

Abb. 5: Gliederung der Kapitalflussrechnung nach der indirekten Methode gem. den Empfehlungen des Deutschen Standardisierungsrats (DRS 2)

2.4.3 Rentabilitätsanalyse

Absolute Erfolgskennzahlen eignen sich nur bedingt zur Einschätzung der Wirtschaftlichkeit eines Unternehmens. Die Ursache liegt in der fehlenden Möglichkeit, gleichzeitig den Bezug zur hiermit in Verbindung stehenden Einflussgröße, den Mitteleinsatz, zu berücksichtigen.

Aus diesem Grund wird die Rentabilität errechnet. Sie stellt den Gewinn pro Einheit des investierten Kapitals dar. Die Kennziffer gilt als Standard- oder Normkennzahl und dient der Beurteilung der erwirtschafteten Kapitalverzinsung in der Periode. Damit dient sie einerseits dem Zweck der Erfolgsmessung (Kontrolle) und andererseits als Planungsgröße.

Die Wirtschaftlichkeitsmessung des Kapitaleinsatzes erfolgt mit Hilfe unterschiedlicher Erfolgsmaßstäbe. Um einmalige Abweichungen zu relativieren, sollten die Rentabilitätswerte über einen längeren Zeitraum ermittelt werden. Zudem ist im Zuge der Auswertung nur der Vergleich mit den Werten anderer Unternehmen gleicher Größe, der gleichen Branche und Rechtsform sinnvoll.

Im Hinblick auf das eingesetzte Kapital gilt zunächst, dass die Höhe des Kapitaleinsatzes im Periodenverlauf schwanken kann. Aus diesem Grund wird zur Bestimmung des Umfangs grundsätzlich das arithmetische Mittel zwischen Anfangs- und Endbestand herangezogen.

In Abhängigkeit der jeweils herangezogenen Bezugsgröße werden nachstehend die verschiedenen Arten der Rentabilität voneinander unterschieden.

Die Kennzahl zur Gesamtkapitalrentabilität (GKR), demonstriert in ihrem Ergebnis die grundsätzlich vorhandene Fähigkeit des Unternehmens zur Gewinnerzielung je eingesetzter Kapitaleinheit bzw. je. EUR eingesetzten Kapitals.

Bei der Berechnung der Gesamtkapitalrentabilät wird der dem Fremdkapital zufließende Zinsaufwand einbezogen. Somit wird die GKR vor Abzug vor Steuern und Zinsen ermittelt.

Die GKR nach Steuern zeigt mögliche Effekte der unternehmerischen Steuerpolitik. Die Kennzahl errechnet sich unter Verwendung des EBIT, der um den um den Ertragssteueraufwand bereinigt ist.

Die Erwirtschaftung einer möglichst hohen Eigenkapitalrentabilität wird als das wesentliche, nicht aber alleinige Ziel der erwerbswirtschaftlich orientierten Unternehmung angesehen. Die Kennzahl findet in den beiden unten dargestellten Versionen Verwendung. Ihre Entwicklung über die Zeit wird als Indikator für die Fähigkeit eines Unternehmens gesehen, Gewinne nachhaltig zu erwirtschaften und Risiken aus eigener Kraft zu tragen. Sie verweist weiterhin auf die Fähigkeit der Unternehmung, Investitionen aus eigener Kraft durchführen zu können. Die Erwirtschaftung hoher Eigenkapitalrentabilitäten signalisieren damit potentiellen Kapitalanlegern positive Investitionsmöglichkeiten, womit sich für die Unternehmung im Regelfall die Finanzierungskonditionen entsprechend verbessern dürften.

Mit Hilfe der Umsatzrentabilität wird die durchschnittlich erwirtschaftete Marge aus dem Umsatz errechnet. Im Regelfall findet sie im Zusammenhang Gesamtkapitalrentabilität Verwendung, wobei eine Verknüpfung von Gesamtkapitalrentabilität und Umsatzrentabilität über den Kapitalumschlag besteht. Dieser berechnet, in welcher Frequenz das gebundene Kapital innerhalb einer Periode durch den in dieser Zeitspanne erbrachten Umsatz umgeschlagen wird. Der hier nunmehr errechnete Return on Investment (ROI) steigt (fällt) bei gegebener Umsatzrentabilität mit steigendem (fallendem) Kapitalumschlag.

Mit dem Return on Net Assets (RONA) und dem Return on Capital Employed (ROCE) werden zwei unterschiedliche Kennziffern vorgestellt, die im Zusammenhang mit der Rentabilitätsberechnung des betriebsnotwendigen Vermögens eingesetzt werden können.

Der Return on Net Assets (RONA) ist grundsätzlich mit der Rentabilität des betriebsnotwendigen Vermögens vergleichbar. Diese Kennziffer stellt das Ordentliche Betriebsergebnis und das durchschnittlich betriebsnotwendige Vermögen in ein Quotientenverhältnis zueinander.

Die Kennziffer für den Return on Capital Employed (ROCE) setzt das EBIT einerseits und das Anlagevermögen plus Working Capital andererseits in ein Quotientenverhältnis und ermittelt hierdurch die Ertragskraft des Gesamtkapitals. Da eine Bereinigung von Gewinn und Vermögen erfolgt, dient die Kennziffer der Bewertung des reinen Erfolgs aus dem operativen Geschäft.

Zusätzlich werden in die Analyse oftmals Aufwandsstrukturkennzahlen einbezogen. Sie erlauben bei Anwendung des Gesamtkostenverfahrens die Aussage, welchen Anteil eine bestimmte Aufwandskategorie an der Gesamtleistung ausmacht. Hier werden die Kennzahlen zur Personal-, Material- sowie Abschreibungs- und Kapitalintensität eingesetzt.

Bei Einsatz des Umsatzkostenverfahrens wird der Anteil einer Aufwandskategorie an den Umsatzerlösen gemessen. Damit geben die Kennzahlen einen Einblick in die Faktorverhältnisse im Unternehmen. An den Veränderungen im Zeitablauf können Umschichtungen, Rationalisierungseffekte etc. erkennbar werden. Herangezogen werden zur Analyse die Kennzahlen Kapitalintensität (Variante bei Anwendung des Umsatzkostenverfahrens), Herstellungs-, Vertriebs-, Verwaltungskosten- sowie Forschungs- und Entwicklungsintensität.

Die Entwicklung der Kennziffern ist insbesondere im Zeitablauf und innerbetrieblichen Vergleich sinnvoll, da sie zahlreiche Facetten der betrieblichen Tätigkeiten beleuchten und damit Entwicklungstendenzen, die für die für die Ertragskraft Bedeutung sind, aufzeigen.

Eine zwischenbetriebliche Analyse wird im Regelfall durch die Abgrenzungsproblematik der einzelnen Aufwendungsarten beeinträchtigt und ist damit selten sinnvoll.

Rentabilität	$= \dfrac{\text{Gewinn}}{\text{durchschnittlich investiertes Kapital}^1} \times 100\,(\%)$ [1] = arithmetisches Mittel zwischen Jahresanfangs- und Jahrendbestand

Gesamtkapital-rentabilität (GKR)	$= \dfrac{\text{Jahresüberschuss} + \text{Fremdkapitalzinsen}}{\text{durchschnittliches Gesamtkapital}^1} \times 100\,(\%)$ oder: $= \dfrac{\text{EBIT}}{\text{durchschnittliches Gesamtkapital}^1} \times 100\,(\%)$ [1] = arithmetisches Mittel zwischen Jahresanfangs- und Jahrendbestand

Gesamtkapital-rentabilität nach Steuern	$= \dfrac{EBIT - Ertragssteueraufwand}{durchschnittliches\ Gesamtkapital^1} \times 100(\%)$ $^{1)}$ = arithmetisches Mittel zwischen Jahresanfangs- und Jahrend-bestand

Eigenkapitalrentabilität (EKR)	$= \dfrac{Jahresüberschuss}{durchschnittliches\ Eigenkapital^1} \times 100(\%)$ oder: $= \dfrac{EBIT}{durchschnittliches\ Eigenkapital^1} \times 100(\%)$ $^{1)}$ = arithmetisches Mittel zwischen Jahresanfangs- und Jahresend-bestand

Umsatz-rentabilität (UR)	$= \dfrac{Jahresüberschuss}{Umsatzerlöse} \times 100(\%)$

Return on Investment (ROI)	$= \dfrac{Jahresüberschuss\ vor\ Steuern\ und\ Zinsen}{Gesamtkapital} \times 100(\%)$ $= \dfrac{JÜ\ vor\ Steuern\ und\ Zinsen}{Umsatz} \times \dfrac{Umsatz}{Gesamtkapital} \times 100(\%)$ wobei: JÜ = Jahresüberschuss

Return on Net Assets RONA	$= \dfrac{EBIT}{Net\ Assets} \times 100(\%)$

ROCE	$= \dfrac{\text{EBIT}}{\text{Netto} - \text{Anlagevermögen} + \text{Working Capital}} \times 100(\%)$

Personalintensität	$= \dfrac{\text{Personalaufwand}}{\text{Gesamtleistung}} \times 100(\%)$

Materialintensität	$= \dfrac{\text{Materialaufwand}}{\text{Gesamtleistung}} \times 100(\%)$

Abschreibungs- oder Kapitalintensität	bei Gesamtkostenverfahren: $= \dfrac{\text{Jahresabschreibungen auf Sachanlagen}}{\text{Gesamtleistung}} \times 100(\%)$ bei Umsatzkostenverfahren: $= \dfrac{\text{Jahresabschreibungen auf Sachanlagen}}{\text{Umsatz}} \times 100(\%)$

Herstellungsintensität	$= \dfrac{\text{Herstellungskosten}}{\text{Umsatz}} \times 100(\%)$

Vertriebsintensität	$= \dfrac{\text{Vertriebskosten}}{\text{Umsatz}} \times 100(\%)$

Verwaltungskosten-intensität	$= \dfrac{\text{Verwaltungskosten}}{\text{Umsatz}} \times 100(\%)$

Forschungs- und Entwicklungsintensität	$= \dfrac{\text{FuE- Kosten}}{\text{Umsatz}} \times 100(\%)$

2.4.4   Kennzahlensysteme

Stehen mehrere Kennzahlen zueinander in Beziehung, können sie zu einem Kennzahlensystem zusammengefasst werden. Damit wird eine integrierte und zugleich verdichtete Betrachtung mehrerer Kennzahlen erreicht, die es erlaubt, multikausale Wirkungszusammenhänge aufzuzeigen und zu erklären. Unterschieden wird zwischen analytischen und synthetischen Kennzahlensystemen.

Analytische Kennzahlensysteme werden durch die Zerlegung einer Spitzenkennzahl in mehrere Unterkennzahlen gebildet.

Entsprechend ihrer Darstellung unterscheiden sich die analytischen Systeme in Rechen- und Ordnungssysteme. Rechensysteme verknüpfen die einzelnen Kennzahlen formal durch definierte mathematische sachlogische Beziehungen miteinander. Das klassisches Beispiel hierfür ist das nachstehend abgebildete Du Pont-Kennzahlensystem.

Bei Ordnungssystemen ist demgegenüber lediglich ein sachlogischer Zusammenhang zwischen den in sachlicher Ordnung gruppierten Kennzahlen gegeben, ohne, dass diese in ihrer funktionalen Abhängigkeit zueinander dargestellt werden. Ein Beispiel hierfür ist das von Reichmann und Lachnit entwickelte Rentabilitäts-Liquiditäts-Kennzahlensystem (RL-Kennzahlensystem). Dieser unten abgebildete systemische Ansatz ist auf die strukturelle Untersuchung und Begutachtung erfolgswirksamer und finanzwirtschaftlicher Größen ausgerichtet. Das RL-Kennzahlensystem wird häufig zum Zweck des zwischen- oder überbetrieblichen Vergleichs angewendet.

Die neben den analytischen Kennzahlensystemen existierenden synthetischen Kennzahlensysteme entstehen durch die Konzentration mehrerer Kennzahlen zu einem Index. Dem errechneten Niveau entsprechend, werden die einzelnen Unternehmen beurteilt bzw. klassifiziert.

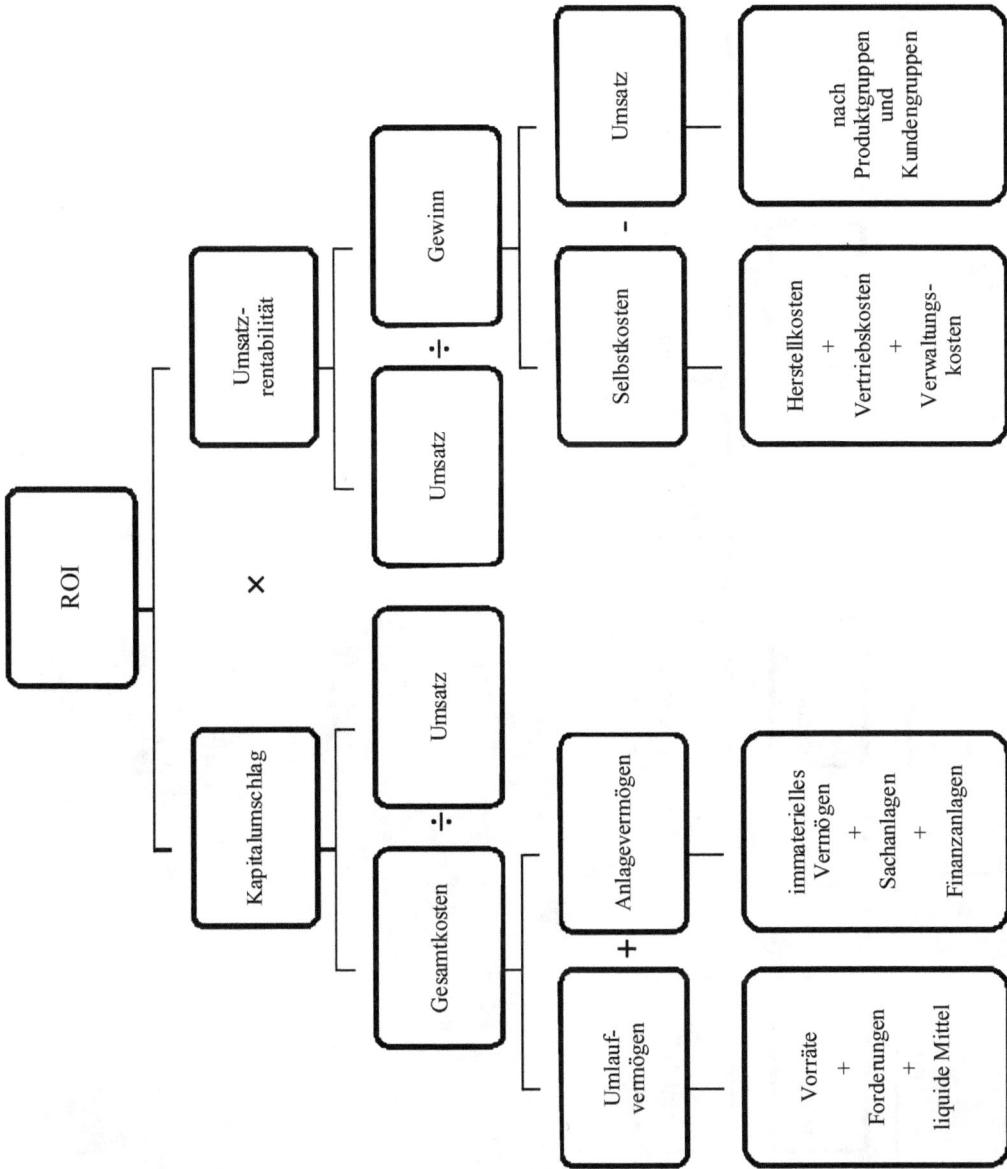

Abb. 6a: Dupond Kennzahlensystem

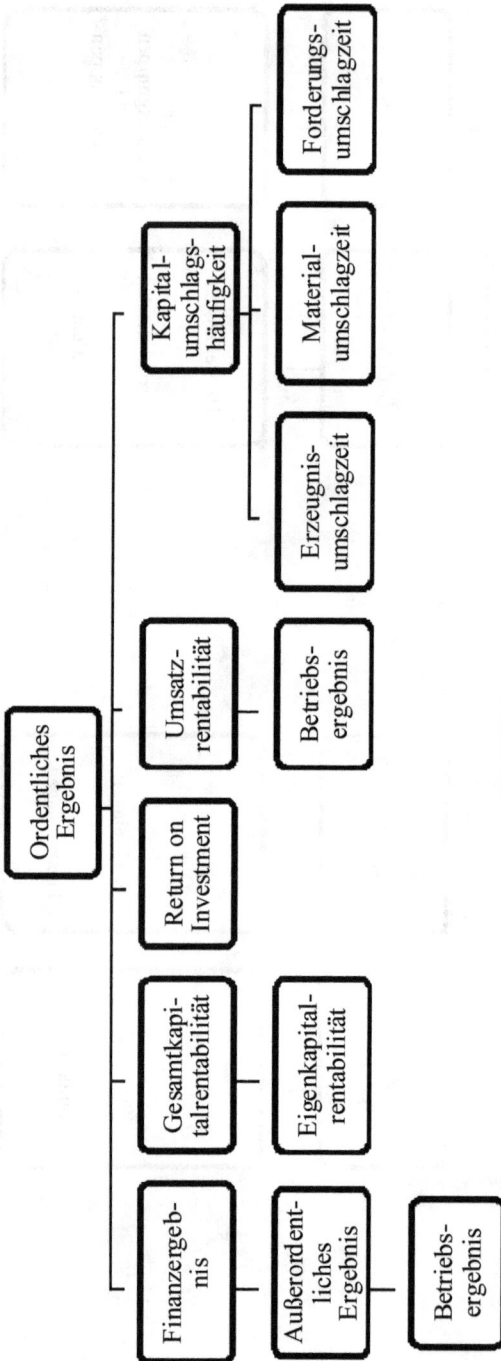

Abb. 6b: RL-Kennzahlensystem für den zwischen- und überbetrieblichen Vergleich –
Teil I: Steuerung von Erfolg und Rentabilität

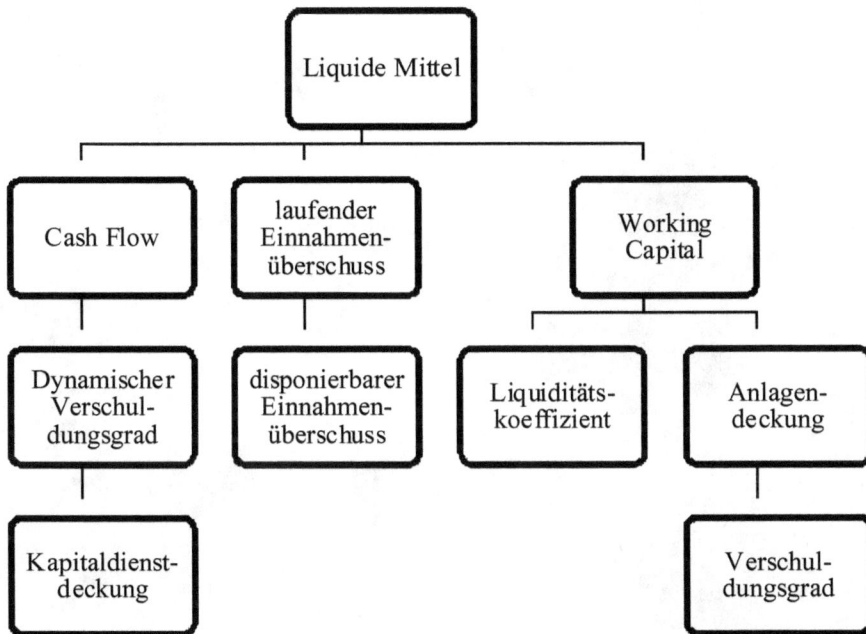

Abb. 6c: RL-Kennzahlensystem für den zwischen- und überbetrieblichen Vergleich –
Teil II: Steuerung der Liquidität

3 Leistungswirtschaftliche Kennzahlen

3.1 Lagerwirtschaft und Beschaffung

Allgemeine Lagerkennzahlen

Sortimentsbreite	$= \dfrac{\text{Absatz insgesamt}}{\text{Anzahl der Produkte}}$

Umschlagshäufigkeit des Lagerbestands	$= \dfrac{\text{Umsatz}}{\text{Lagerbestand}}$

Lagerausnutzung	$= \dfrac{\text{Belegte Lagerfläche}}{\text{Gesamtlagerfläche}} \times 100(\%)$

Lagerkapazitäts-auslastungsgrad	$= \dfrac{\text{Effektive Lagerkapazitätsauslastung}}{\text{maximal mögliche Lagerkapazitätsauslastung}}$

Flächennutzungs-grad	$= \dfrac{\text{Genutzte Lagerfläche}}{\text{Vorhandene Lagerfläche}} \times 100(\%)$

Höhennutzungs-grad	$= \dfrac{\text{Genutzte Lagerhöhe}}{\text{Vorhandene Lagerhöhe}} \times 100 (\%)$

Warenannahmezeit, Verweildauer, Lieferbereitschaftsgrad, Lieferservice, Lieferquote

Durchschnittliche Warenannahmezeit	$= \dfrac{\text{Warenannahmezeit insgesamt}}{\text{Anzahl eingehender Sendungen pro Monat}}$

Verweildauer in der Wareneingangs-kontrolle	$=$ Verweildauer pro Prüfposition $\times$ zu prüfende Position pro Lieferschein

Lieferservicequote	$= \dfrac{\text{Zahl der termingerecht angelieferten Ware}}{\text{Gesamtzahl der Lieferungen}} \times 100 (\%)$

Lieferservicequote eines Lieferanten	$= \dfrac{\text{Zahl der termingerecht angel.}^{1} \text{ Ware Lieferant A}}{\text{Gesamtzahl der Lieferungen Lieferant A}} \times 100 (\%)$ [1] wobei: angel. = angelieferten

Lieferantenanteil pro Artikelgruppe	$= \dfrac{\text{Lieferanten einer Artikelgruppe}}{\text{Anzahl der mögl.}^{1} \text{ Lieferanten der Artikelgruppe}} \times 100 (\%)$ [1] wobei: mögl. = möglichen

Durchschnittlicher Lieferantenateil eines Lieferanten i.v.H. der Lieferanten insgesamt	$= \dfrac{\text{Materialeinkaufvolumen in EUR}}{\text{Anzahl der Lieferanten}} \times 100(\%)$

Lagerbestand, Lagerdauer, Lagerumschlag

Durchschnittlicher Lagerbestand	$= \dfrac{\text{Jahresverbrauch}}{\text{Umschlagshäufigkeit}} : 2$

Lager-Endbestand	$= \text{Anfangsbestand} + \text{Zugänge} - \text{Abgänge}$

Durchschnittlicher Lagerbestand	$= \dfrac{\text{Jahresanfangsbestand} + \text{Jahresendbestand}}{2}$ oder: $= \dfrac{\text{Jahresanfangsbestand} + 12 \text{ Monatsendbestände}}{13}$ oder: $= \dfrac{\text{Jahresanfangsbestand} + \text{Summe der Quartalsendbestände}}{5}$ oder: $= \dfrac{\text{Anfangsbesand} + n \text{ Endbestände}}{1+n}$ oder: $= \dfrac{\text{Optimale Bestellmenge}}{2} \times \text{Sicherheitsbestand}$

Lagerbestandsstruktur nach:	definierten Waren- bzw. Produktbeständen: $$= \frac{\text{Lagerbestand definierter Waren/Produkte}}{\text{Gesamtlagerbestand}}$$ z.B.: $$= \frac{\text{Lagerbestand Fertigprodukte}}{\text{Gesamtlagerbestand}}$$ $$= \frac{\text{Lagerbestand Halbfertigfabrikate}}{\text{Geamtlagerbestand}}$$ $$= \frac{\text{Lagerbestand Material}}{\text{Gesamtlagerbestand}}$$ der Lagerfähigeit: $$= \frac{\text{Lagerbestand leicht verderblicher Ware}}{\text{Gesamtlagerbestand}}$$ der Verkäuflichkeit: $$= \frac{\text{Lagerbestand neuer}^{1)} \text{ Produkte/Ware}}{\text{Gesamtlagerbestand}}$$ [1] eine Differenzierung ist aber auch nach anderen Kriterien möglich, wie z.B.: Neueinführungen, leicht oder schwer verkäufliche Ware, Saisonware, Modeartikel, etc.
Durchschnittslagerbestand pro Tag (pro Monat oder in anderen Zeiteinheiten)	$$= \frac{\text{Summe der Tagesbestände}^{1} (\text{Monatsbestände})}{\text{Anzahl der Tage}^{2} (\text{Monate})}$$ [1] Volumenbestände in Zeiteinheiten, wie Stunden, Wochen, Monate sind möglich [2] hier entsprechende Zeiteinheiten, wie Stunden, Wochen, Monate
Lagerquote Fertigprodukte	$$= \frac{\text{Fertigprodukte}}{\text{Umsatz}} \times 100(\%)$$

Lagerquote Halbfertigfabrikate	$= \dfrac{\text{Halbfertigfabrikate}}{\text{Umsatz}} \times 100(\%)$

Lagerquote Materialbestand	$= \dfrac{\text{Materialbestand}}{\text{Umsatz}} \times 100(\%)$

Durchschnittliche Lager-dauer	$= \dfrac{360}{\text{Lagerumschlagshäufigkeit}}$ oder: $= \dfrac{\text{Tage pro Fertigungsperiode}}{\text{Umschlagshäufigkeit}}$ oder: $= \dfrac{\text{mittlerer Materialbestand} \times 365}{\text{Materialeinsatz}}$

Lagerdauer Roh-, Hilfs- und Betriebsstoffe (RHB) in Tagen	$= \dfrac{360}{\text{Lagerumschlag RHB}}$ wobei: $\text{Lagerumschlag} = \dfrac{\text{Lagerabgang in Tagen}}{\text{durchschnittlicher Lagerbestand}}$

Lagerumschlag	allgemein:
	$$= \frac{\text{Lagerabgang}}{\text{Lagerbestand}}$$
	oder:
	$$= \frac{\text{Lagerabgang in Tagen}}{\text{durchschnittlicher Lagerbestand}}$$
	wobei: durchschnittlicher Lagerbestand = arithmetisches Mittel zwischen Anfangs- und Endbestand
	oder:
	$$= \frac{\text{Verbrauch in der Periode}^{1)}}{\text{durchschnittlicher Lagerbestand}}$$
	[1] Periode definiert in Stunden, Tagen, oder anderen Zeiteinheiten

Lagerumschlags-häufigkeit	$$= \frac{\text{Jahresverbrauch}}{\text{durchschnittlicher Lagerbestand}}$$
	oder:
	$$= \frac{\text{Wareneinsatz pro Periode}}{\text{durchschnittlicher Lagerbestand}}$$
	wobei:
	durchschnittlicher Lagerbestand = arithmetisches Mittel zwischen Jahresanfangs- und Jahresendbestand

Lagerumschlags-koeffizient	$$= \frac{\text{Umsatz}}{\text{durchschnittlicher Lagerbestand}}$$
	wobei:
	durchschnittlicher Lagerbestand = arithmetisches Mittel zwischen Jahresanfangs- und Jahresendbestand

Umschlagshäufgkeit der Fertigprodukte	$= \dfrac{\text{Wert des Lagerabgangs an Fertigprodukten}}{\text{Lagerbestand}}$

Lagerbestandsreichweite, Sicherheits- oder Eiserner Bestand, Meldebestand, Mindestbestand

Lagerbestand i.v.H. des Auftragsbestandes	$= \dfrac{\text{Lagerbestand}}{\text{Auftragsbestand}} \times 100(\%)$

Lagerbestand i.v.H. des Umsatzes	$= \dfrac{\text{Lagerbestand}}{\text{Umsatz}} \times 100(\%)$

Lagerbestands-reichweite	$= \dfrac{\text{durchschnittlicher Lagerbestand} \times 30}{\text{durchschnittlicher Lagerabgang pro Monat}}$ wobei: durchschnittlicher Lagerbestand = arithmetisches Mittel zwischen Jahresanfangs- und Jahresendbestand

Sicherheits- oder Eiserner Bestand	= Durchschnittsverbrauch je Periode × Beschaffungsdauer oder: = Durchschnittlicher Verbrauch in der Beschaffungszeit + Sicherheitsbestand oder: = Mengenverbrauch pro Monat x Meldebestandsreichweite in Monaten oder: = Eiserner Bestand + Verbrauch je Periode × Lieferzeit oder: = Eiserner Bestand + Bedarf Beschaffungszeitraum oder: $= \dfrac{\text{Anfangsbestand}}{\text{Lagerdauer}} \times \text{Beschaffungszeit}$

Sicherheitskoeffizient	$= \dfrac{\text{Sicherheitsbestand}}{\text{durchschnittlicher Verbrauch}}$

Umschlagshäufigkeit der Fertigprodukte	$= \dfrac{\text{Wert des Lagerabgangs an Fertigprodukten}}{\text{Lagerbestand}}$

Umschlagshäufigkeit der Halbfabrikate	$= \dfrac{\text{Wert des Lagerabgabgangs an Halbbfertigfabrikaten}}{\text{Lagerbestand}}$

Bestellzeitunkt, Bestellmenge, Bestellrhythmus

Bestellwieder-beschaffungszeitpunkt	$=$ Tagesbedarf $\times$ Wiederbeschaffungszeit + Sicherheitsbestand

Optimale Bestellmenge	$= \sqrt{\dfrac{200 \times \text{Jahresbedarf} \times \text{feste Bezugskosten pro Best.}}{\text{Einstandspreis} \times (\text{Zins} + \text{Lagerkostensatz})}}$

wobei:
Jahresbedarf = Absatzmenge
Best. = Bestellung

oder:

Optimale Bestellmenge unter Berücksichtigung auftragsfixer Kosten beim Lieferanten

$$= \sqrt{\frac{2 \times (A + R) \times z}{C}}$$

wobei:

A = eigene auftragsfixe Kosten (€ / Stck)
R = auftragsfixe Kosten des Lieferanten

$= m \cdot \text{Bruttopreis je Stck} \cdot \dfrac{\text{Rabattsatz}\,(\%)}{100}$

z = periodischer Bedarf (Stck /Jahr)
C = Kosten der Lagerung eines zusätzlichen Stückes pro Periode
    (€ pro Stck und Jahr)

oder:

$=$ Tagesbedarf $\times$ Lieferzeit in Tagen + Mindestbestand

oder:

$= 2 \times$ Sicherheitsbestand

Optimale Bestellhäufigkeit	$= \dfrac{\text{Gesamtbedarfsmenge}}{\text{Optimale Bestellmenge}}$ oder: $= \sqrt{\dfrac{\text{G} \times \text{E} \times \text{Kostensatz Lagerhaltung}}{200 \times \text{Bestellkosten je Bestellung}}}$ wobei: G = Gesamtmenge; E = Einstandspreis je Mengeneinheit

Mindestbestellmenge	$= \text{Beschaffungszeit} \times \text{Materialverbrauch} / \text{Tag}$

Bestellüberhang	$= \dfrac{\text{Wert der offenen Bestellungen}}{\text{Auftragsbestand}} \times 100 (\%)$

Einkaufsstruktur

Durchschnittlicher Einkauf je Lieferant	$= \dfrac{\text{Einkaufsvolumen}}{\text{Zahl der Lieferanten}}$ oder: $= \dfrac{\text{Einkauf bei Lieferant A} \ldots, \text{B,C}}{\text{Gesamteinkauf}} \times 100 (\%)$

Durchschnittlicher Einkaufswert je Einkäufer	$= \dfrac{\text{Einkaufsvolumen}}{\text{Anzahl der Einkäufer}}$

Einkaufsstruktur	nach Warengruppen: $$= \frac{\text{Einkauf Warengruppe A oder B oder C...}}{\text{Gesamteinkauf}} \times 100(\%)$$ nach Lieferwerten: $$= \frac{\text{Einkauf zu Lieferwerten bis ... EUR}}{\text{Gesamteinkauf}} \times 100(\%)$$

Beanstandungen, Fehllieferungen, Retouren

Beanstandungsquote	$$= \frac{\text{Wert der Beanstandungen}}{\text{Einkaufsvolumen}} \times 100(\%)$$

Fehllieferungsquote	$$= \frac{\text{Zahl der Fehllieferungen}}{\text{Gesamtzahl der Lieferungen}} \times 100(\%)$$

Rückweisungsquote	$$= \frac{\text{zurückgewiesene Menge}}{\text{gelieferte Gesamtmenge}} \times 100(\%)$$

Rückweisungs- bzw. Retourenquote	$$= \frac{\text{Anzahl der retournierten}^1 \text{ Lieferungen}}{\text{Gesamtlieferungen einer Materialgruppe}} \times 100(\%)$$ [1] teilweise bzw. ganz retourniert oder: $$= \frac{\text{insgesamt zurückgewiesene Menge}}{\text{insgesamt gelieferte Menge}} \times 100(\%)$$ oder: $$= \frac{\text{Retouren aufgrund von Falschlieferungen}}{\text{Gesamteinkauf}} \times 100(\%)$$

Ausschuss, Schwund

Ausschussgrad	$= \dfrac{\text{Ist-Ausschuß}}{\text{Normalausschuß}} \times 100(\%)$

Ausschuss-Struktur	$= \dfrac{\text{Ausschuss durch}^1 \dots}{\text{Ausschuss insgesamt}} \times 100(\%)$ [1] mögliche Ursachen z.B.: Materialfehler, Arbeitsfehler, Konstruktionsfehler, Maschinenschaden etc.

Materialausschuss i.v.H. Materialaufwand	$= \dfrac{\text{Materialausschuss}}{\text{Materialaufwand}} \times 100(\%)$

Materialausschussquote	$= \dfrac{\text{Ausschuss in Stück}}{\text{Anzahl der Stücke in guter Qualität}}$

Schwund	Einsatzmenge ./. Abfall ./. Ausbringungsmenge einschl. Ausschussmenge = Schwund

Abfallquote	$= \dfrac{\text{Abfallmenge in EUR}}{\text{Materialaufwand in EUR}}$

Materialabfall i.v.H. Materialeinsatz	$= \dfrac{\text{Abfallmenge}}{\text{Materialeinsatz}} \times 100\,(\%)$

Logistik, Lager-, Transportkosten

Gesamtlogistikkosten pro Umsatzeinheit	$= \dfrac{\text{Gesamtlogistikkosten}}{\text{Umsatzeinheit}}$

Kosten pro eingehender Sendung	$= \dfrac{\text{Kosten der Warenannahme insgesamt}}{\text{Anzahl eingehender Sendungen}}$

Bezugskostenquote	$= \dfrac{\text{Bezugskosten}}{\text{Gesamteinkauf}} \times 100\,(\%)$ oder: $= \dfrac{\text{Bezugskosten}}{\text{Einkaufsvolumen}} \times 100\,(\%)$

Kosten pro Lagerbewegung	$= \dfrac{\text{Lagerpersonal-} + \text{Lagernebenkosten}}{\text{Lagerzugänge} + \text{Lagerabgänge}}$

Lagerkostensatz	$= \dfrac{\text{Lagerkosten}}{\text{Lagerbestand}}$

Lagerhaltungskosten-satz i.v.H.	$= \dfrac{\text{Lagerkosten pro Periode}^1}{\text{durchschnittlicher Warenbestandswert pro Periode}} \times 100(\%)$ [1] Periode: wahlweise = Woche, Monat oder Jahr

Lagerbestand zu Materialaufwand	$= \dfrac{\text{RHB Bestand}}{\text{RHB Aufwand}} \times 100(\%)$ wobei: RHB= Roh-, Hilfs- u. Betriebsstoffe

Effizienz von Transportmitteln in der Lagerhaltung , Instandhaltungskosten

Materialmenge zu Transportmitteln	$= \dfrac{\text{Materialeinsatz nach Gewicht}}{\text{Fördermittel}}$ wobei: Fördermittel = Elektrokarren, Kräne, Aufzüge, Laufbänder etc.

Nutzungsgrad der Transportmittel	$= \dfrac{\text{transportierte Menge}}{\text{Transportkapazität}} \times 100(\%)$

Einsatzgrad eines Trans- portmittels	$= \dfrac{\text{Einsatzzeit}}{\text{Arbeitszeit}} \times 100(\%)$

Transportkosten pro Transportauftrag	$= \dfrac{\text{Transportkosten insgesamt}}{\text{Anzahl durchzuführender Transportaufträge}} \times 100(\%)$

Transportkosten pro Werkstattauftrag	$= \dfrac{\text{Transporkosten}}{\text{Anzahl transportierter Werkstattaufträge}}$

Instandhaltungskosten eines Transportmittels in EUR je Stunde	$= \dfrac{\text{Instandhaltungskosten eines Transportmittels in EUR}}{\text{Gebrauchszeit } (-\text{Stunden})}$

3.2   Fertigung

Produktionsstruktur, Kapazitätsverhältnisse, Fertigungsvorbereitung (Fertigungsdisposition), Losgrößen

Produktionsstruktur	$= \dfrac{\text{Produktion Produkt/Produktgruppe}(A,\, B,\, C\dots)}{\text{gesamte Produktion}} \times 100(\%)$

Kapazitätsverhältnisse	$= \dfrac{\text{Kapazität einzelner Anlagen}}{\text{Kapazität des engsten Querschnitts}} \times 100(\%)$

Automatisierungsgrad	$= \dfrac{\text{Wert der Produktionsanlagen}}{\text{Fertigungslöhne}} \times 100(\%)$

Manufacturing Cycle Effectiveness (MCE)	$= \dfrac{\text{Bearbeitungs- oder Verarbeitungszeit}}{\text{Durchlaufzeit}} \times 100(\%)$

Optimale Losgröße	Exakte (klassische) Formel:
	$$= -\frac{E}{s} + \sqrt{\frac{E \times m \times 200}{s \times p} + \left(\frac{E}{s}\right)}$$

Näherungsverfahren nach Andler:

$$= \sqrt{\frac{E \times m \times 200}{s \times p}}$$

Näherungsverfahren nach Gutenberg:

$$= \sqrt{\frac{2m \times (E + L)}{s \times \dfrac{p}{100}}}$$

wobei:

E = fixe Auflagekosten
L = fixe Kosten d. Lagerverwaltung
s = proportionale Stückkosten
p = Zinssatz in Prozent – bezogen auf die Planperiode (Monat, Jahr)
m = Produktmenge (in Stück), die innerhalb der Planperiode zu
    fertigen und abzusetzen ist.

Näherungsverfahren nach Norton:

$$= \sqrt{\frac{s}{\dfrac{(B + I) \times C \times 2 \times A \times \left(1 \div \dfrac{U}{P}\right)}{2 \times N \times U}}}$$

wobei:

S = gesamte Einrichtekosten
A = jährliche Lagerkosten pro Stück
B = jährliche Kosten für Versicherungen, Steuern i.v.H. der Kapital-
    bindung im Lager (Verrechnung als Dezimalwert)
C = Herstellungskosten pro Stück
I = Zinsen
N = Arbeitstage im Jahr
U = täglicher Verbrauch oder Versand (Stückzahl)
P = tägliche Fertigung (Stückzahl)

Mindestlosgröße	$= \dfrac{\text{absolut fixe Auftragskosten}}{\text{Preis./.Einzelkosten pro Stück} + \text{Stückgewinn}}$ oder: $= \dfrac{\text{absolut fixe Auftragskosten}}{\text{Preis./.Einzelkosten pro Stück}}$

Monats-Produktion	$=$ Zahl der Arbeitsstunden im Monat $\times$ Produktionsmengen je Arbeitsstunde

Kapazitätsausnutzungsgrad, Beschäftigungsgrad, Leistungsgrad, Störungsgrad, Produktionsmengen, Kosten

Kapazitäts-ausnutzungsgrad	$= \dfrac{\text{Ist-Erzeugung}}{\text{Kapazität}} \times 100(\%)$ oder: $= \dfrac{\text{Produktionsmenge}}{\text{kapazitative Produktionsmenge}} \times 100(\%)$ oder: $= \dfrac{\text{Sollzeit der Ist-Leistung}}{\text{kapazitative Maschinenstunden}} \times 100(\%)$ oder: $= \dfrac{\text{effektive Produktionsstunden}}{\text{maximal mögliche}^{1} \text{ Kapazitätsstunden}} \times 100(\%)$ [1] soweit arbeitsrechtlich möglich oder: $= \dfrac{\text{effektive Aussbringungsmenge}}{\text{bestmögliche Ausbringungsmenge}} \times 100(\%)$

Beschäftigungsgrad	$= \dfrac{\text{Ist-Leistung}}{\text{Soll-Leistung}}$ oder: $= \dfrac{\text{Beschäftigung}}{\text{Kapazität}} \times 100(\%)$ oder: $= \dfrac{\text{effektive Maschinenstunden}}{\text{bestmögliche Maschinenausnutzung}} \times 100(\%)$ oder: $= \dfrac{\text{effektive Produktionsstunden}}{\text{geplante Betriebsbereitschaft (in Stunden)}} \times 100(\%)$

Leistungsgrad	$= \dfrac{\text{Istzeit}}{\text{Sollzeit}} \times 100(\%)$ oder: $= \dfrac{\text{Ist-Arbeitszeiten in der Periode}}{\text{Soll-Arbeitszeiten in der Periode}} \times 100(\%)$

Störungsgrad	$= \dfrac{\text{Störungszeit}}{\text{gesamte Fertigungszeit}} * 100(\%)$

Produktionsmengen (-einheiten) eines Betriebsmittels je Stunde	$= \dfrac{\text{Produktionsmengen}}{\text{Nutzungszeit (in Stunden)}}$ oder: $= \dfrac{\text{Produktionsmengen}}{\text{Gebrauchszeit (in Stunden)}}$

Betriebsmittelkosten je Stunde in EUR	$= \dfrac{\text{Betriebsmittelkosten (in EUR)}}{\text{Gebrauchs- oder Sollzeit (in Stunden)}}$

Produktionsmittelkosten in EUR	$= \dfrac{\text{Betriebsmittelkosten in EUR}}{\text{Sollzeit}^{1}}$ [1] ggf. auch Gebrauchszeit

Instandhaltungskosten des Betriebsmittels	$= \dfrac{\text{Instandhaltungskosten}}{\text{Einsatzgebrauchszeit (in Stunden)}}$

Instandhaltungskosten je Produktionseinheit	$= \dfrac{\text{Instandhaltungskosten}}{\text{Produktionsmengen}}$

Energieverbrauch je Produktionseinheit in EUR	$= \dfrac{\text{Energieverbrauch in Stunden je Betriebsmittel}}{\text{Produktionsmengen}}$

Verbrauch an Energie in EUR / Std. eines Betriebsmittels	$= \dfrac{\text{Energieverbrauch (in EUR)}}{\text{Einsatzzeit je Betriebsmittel (pro Std.)}}$

Verbrauch an Betriebsstoffen in EUR / Std. eines Betriebsmittels	$= \dfrac{\text{Betriebsstoffverbrauch (in EUR)}}{\text{Einsatzzeit je Betriebsmittel (pro Std.)}}$

Produktivität

Produktivitätsgrad	$= \dfrac{\text{Ist-Produktivität}}{\text{Soll-Produktivität}}$

Ausbringungsgrad	$= \dfrac{\text{Leistungsergebnis (in kg)}}{\text{Materialverbrauch (in kg)}} \times 100(\%)$

Produktivität	$= \dfrac{\text{Produktions-Ergebnis}}{\text{Produktions-Kräfte}}$ oder: $= \dfrac{\text{Produktionsleistung (Ausbringungsmenge)}}{\text{Einsatzmenge}}$ nach Gutenberg: $= \dfrac{\text{Ergebnis (Ertrag) der Faktor-Einsatzmengen}}{\text{Faktoreinsatzmengen}}$ nach RKW: $= \dfrac{\text{Gesamtausbringung}}{\text{Gesamteinsatz}} \times 100(\%)$

Anlagenproduktivität	$= \dfrac{\text{Produktionswert}}{\text{Maschinenzahl oder Machinenstunden}} \times 100(\%)$

Ausschuss, Schwund, Materialabfall

Ausschuss	$= \dfrac{\text{Ausschuss in Stück, kg } \dots}{\text{gute Stücke, kg } \dots} \times 100(\%)$ oder: $= \dfrac{\text{Ausschussmenge}}{\text{gelieferte Menge einwandfreier Qualität}} \times 100(\%)$

Ausschussgrad	$= \dfrac{\text{Ist-Ausschuß}}{\text{Normalausschuß}} \times 100(\%)$

Ausschuss-Struktur	$= \dfrac{\text{Ausschuss durch}^{1} \dots}{\text{Ausschuss insgesamt}} \times 100(\%)$ [1] mögliche Ursachen z.B. : Material-, Arbeits-, Konstruktionsfehler, Maschinenschaden etc.

Materialausschuss i.v.H. Materialaufwand	$= \dfrac{\text{Materialausschuss}}{\text{Materialaufwand}} \times 100(\%)$

Materialausschussquote	$= \dfrac{\text{Ausschuss in Stück}}{\text{Anzahl der Stücke in guter Qualität}}$

Schwund	Einsatzmenge ./. Abfall ./. Ausbringungsmenge einschl. Ausschussmenge = Schwund

Abfallquote	$= \dfrac{\text{Abfallmenge in EUR}}{\text{Materialaufwand in EUR}}$

Materialabfall v.H. Materialeinsatz	$= \dfrac{\text{Abfallmenge}}{\text{Materialeinsatz}} \times 100(\%)\,.$

Kapitalbindung ruhender Bestände	$=$ Wert ruhender Bestände in der Fertigung $\cdot$ Lagerzeit $\cdot$ i wobei: i = Zins

Materialaufwand i.v.H. Gesamtleistung	$= \dfrac{\text{Materialaufwand}}{\text{Gesamtleistung}} \times 100(\%)$

3.3   Absatz Vertrieb Marketing

Kennzahlen zur Marktanalyse

Absatz-Elastizitätskoeffizient	$= \dfrac{\text{relative Absatzänderung}}{\text{relative Preisänderung}}$

Einkommenselastizität	$= \dfrac{\text{Zunahme der Nachfrage in Prozent}}{\text{Zunahme der Einkommen in Prozent}}$

Index der Bruttomonatsverdienste	$= \dfrac{\text{Bruttomonatsverdienste im Berichtsjahr}}{\text{Bruttomonatsverdienste im Basisjahr}} \times 100\,(\%)$

Marktwachstum	$= \dfrac{\text{zusätzliches Marktvolumen}}{\text{Marktvolumen Vorperiode}} \times 100\,(\%)$

Absoluter Marktanteil i.v.H. Gesamtmarktvolumen	$= \dfrac{\text{Unternehmensumsatz}}{\text{Gesamtmarktvolumen}} \times 100\,(\%)$

Relativer Marktanteil	$= \dfrac{\text{eigener Marktanteil}}{\text{Marktanteil des größten Konkurrenten}} \times 100\,(\%)$

Marktanteil je Hersteller	$= \dfrac{\text{Anzahl der Nachfrager je Produzent}}{\text{Nachfrager insgesamt}} \times 100(\%)$

Marktsättigungsgrad	$= \dfrac{\text{Marktvolumen}}{\text{Marktpotential}} \times 100(\%)$

**Auftragslage, Auftragsreichweite, Auftragsbestand, Auftragsabwicklung,
Auftragsgröße, Auftragsabwicklung, Lieferbereitschaft**

Auftragslage	$= \dfrac{\text{Anfangsbestand}}{\text{Jahresumsatz}} \times 100(\%)$

Auftragsreichweite	in Tagen: $= \dfrac{\text{Auftragsbestand in EUR}}{\text{Umsatz der letzten 12 Monate}} \times 360$ in Wochen: $= \dfrac{\text{Auftragsbestand in EUR}}{\text{Umsatz der letzten 12 Monate}} \times 12$ in Monaten: $= \dfrac{\text{Auftragsbestand in EUR}}{\text{Umsatz der letzten 12 Monate}} \times 52$

Auftragsbestand	$=$ Anzahl der Aufträge oder Anzahl in Stück[1] [1] respektive in anderen Einheiten oder: $$= \frac{\text{aktueller Auftragsbestand}}{\text{Auftragsbestand der Vorperiode}} \times 100(\%)$$

Auftragsgröße	$=$ durchschnittlicher Umsatz pro Auftrag $$= \frac{\text{Umsatz}}{\text{Anzahl der Aufträge}} \times 100(\%)$$ oder: $=$ durchschnittliche Stückzahl pro Auftrag oder: $$= \frac{\text{Absatz in Stück}}{\text{Anzahl der Aufträge}} \times 100(\%)$$

Angebotserfolgsquote	$$= \frac{\text{erteilte Aufträge}}{\text{abgegebene Angebote}} \times 100(\%)$$

Angebotserfolgsrate	$$= \frac{\text{Zahl erfolgreicher Angebote}}{\text{Gesamtzahl der Angebote}} \times 100(\%)$$

Auftragsentwicklung	$$= \frac{\text{aktuelle Auftragseingänge}}{\text{Auftragseingänge des Vergleichszeitraums}} \times 100(\%)$$

Auftrags - abwicklungsrückstände	$= \dfrac{\text{Rückstände}}{\text{Gesamtabsatz}} \times 100(\%)$

Auftragseingangs- struktur nach Erzeugnissen	$= \dfrac{\text{Auftragseingang Erzeugnis (Produkt) A}}{\text{Auftragseingang insgesamt}} \times 100(\%)$

Lieferbereitschafts- grad	$= \dfrac{\text{Anzahl nicht termingerecht ausgeführter Aufträge}}{\text{Anzahl zu erfüllender Aufträge}} \times 100(\%)$

Umsatzkennzahlen

Sortimentsbreite	$= \dfrac{\text{Absatz insgesamt}}{\text{Anzahl der Produkte}}$

Umsatzwachstum	$= \dfrac{\text{Umsatz aktuelles Jahr}}{\text{Umsatz des Vorjahres}} \times 100(\%)$

Netto-Umsatz i.v.H. des Brutto-Umsatzes	$= \dfrac{\text{Netto-Umsatz}}{\text{Brutto-Umsatz}} \times 100(\%)$

Netto-Umsatz i.v.H. der Produktion	$= \dfrac{\text{Netto-Umsatz}}{\text{Produktion zu Netto-Verkaufswerten}} \times 100(\%)$

Umsatzstruktur	$= \dfrac{\text{Netto-Umsatz Eigenerzeugung}}{\text{Netto-Gesamtumsatz}} \times 100(\%)$
	oder:
	$= \dfrac{\text{Netto-Umsatz Handelsware}}{\text{Netto-Gesamtumsatz}} \times 100(\%)$
	oder:
	$= \dfrac{\text{Netto-Umsatz je Erzeugnis}^{1}}{\text{Netto-Gesamtumsatz}} \times 100(\%)$
	[1] bzw. Erzeugnisgruppe
	oder:
	$= \dfrac{\text{Netto-Umsatz je Kundengruppe}^{2)}}{\text{Netto-Gesamtumsatz}} \times 100(\%)$
	[2] weitere Strukturierungen nach verschiedenen Merkmalen wie z.B. Absatzbezirk, Abnehmergruppen, Artikelgruppen etc. sind möglich.

Umsatz je Kunde	$= \dfrac{\text{Netto-Umsatz}}{\text{Anzahl der Kunden insgesamt}} \times 100(\%)$

Anteil der Neukunden	$= \dfrac{\text{Neukunden}}{\text{Kunden insgesamt}} \times 100(\%)$

Netto-Umsatz i.v.H. zur Anzahl der durchschnittlich Beschäftigten	$= \dfrac{\text{Netto-Umsatz}}{\text{Anzahl der durchschnittlich Beschäftigten}} \times 100(\%)$

| Umsatz pro Mitarbeiter | $= \dfrac{\text{Umsatz}}{\text{Anzahl der Mitarbeiter}} \times 100(\%)$

 oder:

 $= \dfrac{\text{Umsatz}}{\text{Anzahl der Beschäftigten}} \times 100(\%)$ |

| Umsatzerlös je Arbeitnehmer | $= \dfrac{\text{Umsatzerlöse}}{\text{durchschnittlich Beschäftigte in der Periode}}$ |

| Umsatz je qm Verkaufsfläche | $= \dfrac{\text{Umsatz}}{\text{Verkaufsfläche in qm}} \times 100(\%)$ |

| Umsatz je Filiale | $= \dfrac{\text{Umsatz in Filiale ...}}{\text{Gesamtumsatz}} \times 100(\%)$ |

| Flächenertrag je qm Verkaufsfläche | $= \dfrac{\text{Nettoertrag einer Periode}}{\text{Quadratmeter Verkaufsfläche}}$ |

| Umsatz je Absatzregion (Gebietsquote) | $= \dfrac{\text{Umsatz per Region ...}}{\text{Gesamtumsatz}} \times 100(\%)$

 oder:

 $= \dfrac{\text{Gebietsumsatz}}{\text{Gesamtumsatz Deutschland}} \times 100(\%)$ |

Exportquote	$= \dfrac{\text{Exportumsatz}}{\text{Gesamtumsatz}} \times 100(\%)$

Verkaufserfolgsquote	$= \dfrac{\text{Anzahl der Käufer}}{\text{Anzahl der Interessenten}} \times 100(\%)$

Vertrieb, Werbung

Vertriebsintensität	$= \dfrac{\text{Vertriebskosten}}{\text{Umsatzerlöse}}$

Vertriebskosten i.v.H. der Gesamtkosten	$= \dfrac{\text{Kosten des Vertriebs}}{\text{Gesamtkosten}} \times 100(\%)$

Vertriebskosten i.v.H. Umsatz	$= \dfrac{\text{Kosten des Vertriebs}}{\text{Umsatz}} \times 100(\%)$

Besuchskostenintensität	$= \dfrac{\text{Außendienstkosten}}{\text{Umsatz}} \times 100(\%)$

Deckungsbeitrag I	$=$ Umsatzerlöse ./. variable Kosten

Deckungsbeitrag II	= Deckungsbeitrag I ./. fixe Kosten

Deckungsbeitrag pro Kunde	$= \dfrac{\text{Deckungsbeitragsvolumen I}}{\text{Anzahl der Kunden}}$ wobei: Deckungsbeitragsvolumen I = Umsatzerlöse ./. var. Kosten

Deckungsbeitrag je Vertriebs- oder Außendienstmitarbeiter	$= \dfrac{\text{Deckungsbeitrag II}}{\text{Anzahl der Vertriebs- oder Außendienstmitarbeiter}}$ wobei: Deckungsbeitrag II = Deckungsbeitrag I ./. fixe Kosten

Break-even-Point (mengenmäßig)	$= \dfrac{\text{Summe Fixkosten}}{\text{Deckungsbeitrag je Stck}}$

Break-even-Point (wertmäßig)	$= \dfrac{\text{Summe Fixkosten}}{\text{Deckungsquote je Stck}}$

Verkaufserfolg	$= \dfrac{\text{Zahl der Bestellungen}}{\text{Anzahl der Werbekontakte}} \times 100(\%)$

Erinnerungserfolgsrate	$= \dfrac{\text{Zahl der Werbeerinnerer}}{\text{Zahl der Angesprochenen}} \times 100(\%)$

Besuchsproduktivität	$= \dfrac{\text{Umsatz des Kunden}}{\text{Anzahl der Vertreterbesuche}} \times 100(\%)$

Rücklaufquote	$= \dfrac{\text{Rücklauf Werbeaktion}}{\text{Anzahl von Werbekontakten}} \times 100(\%)$

Wiederholungskäufe i.v.H. der Gesamt- verkäufe	$= \dfrac{\text{Anzahl der Wiederholungskäufe}}{\text{Anzahl der Gesamtverkäufe}} \times 100(\%)$

Umsatz der Wiederholungsverkäufe	$= \dfrac{\text{Umsatz der Wiederholungskäufe}}{\text{Gesamtumsatz}} \times 100(\%)$

Produkterfolgsrate oder Flop-Rate	$= \dfrac{\text{Anzahl erfolgreicher Produkte}}{\text{Gesamtzahl neuer Produkte}} \times 100(\%)$

Werbeerfolg	$= \dfrac{\text{Umsatzzuwachs}}{\text{Kosten der Werbeaktion}} \times 100(\%)$

Aktionskosten

Mailingkontaktpreis	$= \dfrac{\text{Mailigkosten in EUR}}{\text{Anzahl der Antworten}} \times 100(\%)$

Aktionskontaktpreis	$= \dfrac{\text{Aktionskosten in EUR}}{\text{Anzahl der erwarteten Kontakte}} \times 100(\%)$

Preispolitik

Durchschnittspreis	$= \dfrac{\text{Umsatz}}{\text{Anzahl der verkauften Stücke ... (Menge, etc.)}}$

Aufschlag auf den Verkaufspreis	$= \dfrac{\text{Verkaufspreis-Einkaufspreis}}{\text{Einkaufspreis}} \times 100(\%)$

Abschlag vom Verkaufspreis	$= \dfrac{\text{Verkaufspreis-Einkaufspreis}}{\text{Verkaufspreis}} \times 100(\%)$

Preisnachlassquote	$= \dfrac{\text{Preisnachlässe}}{\text{Umsatzerlöse}} \times 100(\%)$

Preisnachlassstruktur	$= \dfrac{\text{Preisnachlass für ...}}{\text{Gesamte Preisnachlässe}} \times 100(\%)$

Rücklieferungen, Reklamationen, Gewährleistung

Rücklieferungen	$= \dfrac{\text{Verkaufswert der Rücklieferungen}}{\text{Umsatz}} \times 100(\%)$ oder: $= \dfrac{\text{Anzahl der Rücklieferungen}}{\text{Umsatz}} \times 100(\%)$

Rücklaufquote	$= \dfrac{\text{Rücklauf der Lieferungen}}{\text{Anzahl von Werbekontakten}} \times 100(\%)$

Rücklieferungsstruktur	$= \dfrac{\text{Rücklieferungen aufgrund von Fehlmengen}}{\text{Rücklieferungen insgesamt}} \times 100(\%)$ oder: $= \dfrac{\text{Rückl.}^{1} \text{ aufgrund von Schwierigkeiten}^{2} \text{ des Kunden}}{\text{Rücklieferungen insgesamt}} \times 100(\%)$ [1] Rücklieferungen [2] z.B. Liquiditäts- , Abnahmeschwierigkeiten oder: $= \dfrac{\text{Rücklieferungen aufgrund fehlerhafter Produkte}}{\text{Rücklieferungen insgesamt}} \times 100(\%)$

Fehlerlieferungsquote	$= \dfrac{\text{Zahl der Fehlerlieferungen}}{\text{Gesamtzahl der Lieferungen}} \times 100(\%)$

Reklamationsquote	i.v.H. der Verkäufe
	$$= \frac{\text{Anzahl der Reklamationen}}{\text{Anzahl der Verkäufe}} \times 100(\%)$$
	i.v.H. der Auslieferungen:
	$$= \frac{\text{Anzahl der Reklamationen}}{\text{Anzahl der Auslieferungen}} \times 100(\%)$$
	aufgrund von Lieferverzögerungen:
	$$= \frac{\text{Reklamationen aufgrund von Lieferverz.}}{\text{Reklamationen insgesamt}} \times 100(\%)$$
	wobei: Lieferverz. = Lieferverzögerungen
	aufgrund von Falschlieferungen:
	$$= \frac{\text{Reklamationen aufgrund von Falschlieferungen}}{\text{Reklamationen insgesamt}} \times 100(\%)$$
	aufgrund von Fehlmengen:
	$$= \frac{\text{Reklamationen aufgrund von Fehlmengen}}{\text{Reklamationen insgesamt}} \times 100(\%)$$

Reklamationskosten zu Umsatz i.v.H.	$$= \frac{\text{Reklamationskosten}}{\text{Umsatz}} \times 100(\%)$$

Reklamations- behebungszeit	$$= \frac{\text{Zeitbedarf Reklamationsbehebungen (in Std.)}}{\text{Anzahl der Reklamationen}}$$

Gewährleistungsquote	$= \dfrac{\text{Gewährleistungen}}{\text{Gesamtumsatz}} \times 100(\%)$

Kundendienstkosten i.v.H. des Absatz-volumens	$= \dfrac{\text{Kundendienstkosten}}{\text{Absatz}} \times 100(\%)$

3.4 Personalwirtschaft

Personalstärke, Personalbestand, Personalbedarf, Personalstruktur

Grad der Personalstärke	$= \dfrac{\text{Ist-Personalbestand}}{\text{Soll-Personalbestand}} \times 100(\%)$

zukünftiger Personalbestand	Aktueller Personalbestand − Personalabgang + Personalzugang = zukünftiger Personalbestand

Personalbedarf	$= \dfrac{\text{Bearbeitungsmenge pro Monat} \times \text{Barbeitungszeit}}{\text{Durchchnittliche Arbeitszeit pro Monat}} + \text{VZ}$ wobei: VZ = Verweilzeitfaktor

Belegschaftsstruktur	$= \dfrac{\text{Teil-Belegschaft}^{1)}}{\text{Gesamt-Belegschaft}} \times 100(\%)$
	$^{1)}$ Eine vertiefende Strukturierung kann den jeweiligen betrieblichen Anforderungen entsprechend nach verschiedenen Kriterien erfolgen – z.B. nach Geschlecht, Alter, Lohn- oder Gehaltsempfänger, Mitarbeiter in Verwaltung, Arbeiter, Angestellte, Mitarbeiter Forschung oder/und Entwicklung, Vertrieb etc. Andere Gesichtspunkte wie Berufsausbildung, Lohnklasse, Kostenstellengruppen, Ort / Abteilung des Arbeitseinsatzes, etc. sind möglich.

Altersstruktur der Belegschaft	$= \dfrac{\text{Anzahl Mitarbeiter d. Altersgruppe } 20-30 \text{ Jahre}^{1)}}{\text{Summe aller Beschäftigten}} \times 100(\%)$
	$^{1)}$ Eine vertiefende Strukturierung kann nach verschiedenen Kriterien, den jeweiligen betrieblichen Anforderungen entsprechend, erfolgen. Beispielsweise nach der Altersgruppe und dem Geschlecht, Art der Verwendung, Lohnklasse, Berufsausbildung etc.

Durchschnittsalter der Beschäftigten	$= \dfrac{\Sigma \text{ der Lebensjahre sämtl. Beschäftigten}}{\text{Summe aller Beschäftigten}} \times 100(\%)$

Personalfluktuation, Lebensalter u. Betriebszugehörigkeit

Personalzugang	$= \dfrac{\text{Personalzugang}^{1}}{\text{Anzahl d. durchschnittlich Beschäftigten}^{2}} \times 100(\%)$
	$^{1)}$ Eine weitergehend spezifizierte Kennzahlenbildung kann, den jeweiligen betrieblichen Anforderungen entsprechend, nach verschiedenen Kriterien erfolgen. Beispielsweise nach weiblichen / männlichen Beschäftigten, Beschäftigte je Bereich / Abteilung, Gruppe, etc.
	$^{2)}$ durchschnittlicher Beschäftigtenstand = arithmetisches Mittel aus Jahresanfangs und -endbestand

Personalabgang	$= \dfrac{\text{Personalabgang}^1}{\text{Anzahl der durchschnittlich Beschäftigten}^2} \times 100\,(\%)$
	[1] Eine weitergehend spezifizierte Kennzahlenbildung kann, den jeweiligen betrieblichen Anforderungen entsprechend, nach verschiedenen Kriterien erfolgen. Beispielsweise nach weiblichen / männlichen Beschäftigten, Beschäftigte je Bereich / Abteilung, Gruppe, etc.
	[2] durchschnittliche Beschäftigte = arithmetisches Mittel aus Jahresanfangs und -endbestand

Fluktuationsquotient	$= \dfrac{\text{Abgänge} + \text{Zugänge}^1}{\text{Anzahl der durchschnittlich Beschäftigten}^2}$
	[1] Eine weitergehend spezifizierte Kennzahlenbildung kann, den jeweiligen betrieblichen Anforderungen entsprechend, nach verschiedenen Kriterien erfolgen. Beispielsweise nach weiblichen / männlichen Beschäftigten, Beschäftigte je Bereich / Abteilung, Gruppe, etc.
	[2] durchschnittlicher Beschäftigtenstand = arithmetisches Mittel aus Jahresanfangs und -endbestand.

Durchschnittliche Betriebszugehörigkeit in Jahren	$= \dfrac{\text{Summe der Jahre der Betriebszugehörigkeit}}{\text{Anzahl der Mitarbeiter}}$

Durchschnittliche Abteilungszugehörigkeit in Jahren	$= \dfrac{\text{Summe der Jahre der Abteilungszugehörigkeit}}{\text{Anzahl der Mitarbeiter}}$

Arbeitszeitkennzahlen

Durchschnittliche Arbeitszeit	$= \dfrac{\text{Arbeitsstunden insgesamt}}{\text{Anzahl der Arbeitnehmer}}$

Arbeitszeitstruktur nach:	der effektiven Arbeitszeit: $= \dfrac{\text{Lohnstunden}}{\text{verrechnete Akkordstunden}} \times 100(\%)$ und: $= \dfrac{\text{geleistete Akkordstunden}}{\text{Gesamtarbeitszeit}} \times 100(\%)$ der bezahlten Arbeitszeit: $= \dfrac{\text{Fertigungslohnstunden}}{\text{Insgesamt bezahlte Lohnstunden}} \times 100(\%)$

Überstundenquote	$= \dfrac{\text{geleistetete Überstunden}^{1}\text{ insgesamt}}{\text{Anwesenheitsstunden insgesamt}}$ [1] oft auch aufgeschlüsselt nach unterschiedlichen Arbeitnehmergruppen oder entsprechend der Abteilungs- oder Gruppenzugehörigkeit

Leistung zu Anwesenheit	$= \dfrac{\text{Leistungsabgabe}^{1)}}{\text{Anwesenheit}} \times 100(\%)$ [1] vorgegeben wird: Leistungsabgabe in Minuten, Anwesenheit in Minuten

Abwesenheitszeiten, Fehlzeiten, Abwesenheitsstruktur, krankheitsbedingte Fehlzeiten

Fehlzeiten i.v.H. der Anwesenheitsstunden	$= \dfrac{\text{Fehlzeitenstunden}}{\text{Anwesenheitsstunden}} \times 100\,(\%)$
Abwesenheitsstruktur	$= \dfrac{\text{Abwesenheit nach Ursachen}^{1)}}{\text{Summe aller Beschäftigten}} \times 100\,(\%)$ [1] z.B. Abwesenheit wegen Dienstreise, Weiterbildungsmaßnahme, Berufsschulunterricht, Elternfreizeit bzw. Erziehungsurlaub
Fehlzeitenquote	$= \dfrac{\text{Fehlzeiten}}{\text{Anzahl der durchschnittlich Beschäftigten}} \times 100\,(\%)$
Krankenquote	$= \dfrac{\text{Anzahl der Kranken}}{\text{Gesamtbelegschaft}} \times 100\,(\%)$ oder: $= \dfrac{\text{Anzahl der Kranken}}{\text{durchschnittliche Belegschaftsstärke}} \times 100\,(\%)$
Krankenstand i.v.H. der Anwesenheitsstunden	$= \dfrac{\text{Anzahl der Krankheitsstunden}}{\text{Anwesenheitsstunden}} \times 100\,(\%)$ oder: $= \dfrac{\text{krankheitsbedingte Ausfallstunden}}{\text{Arbeitsstunden} + \text{Krankenausfallstunden}} \times 100\,(\%)$

Personalaufwand

Durchschnittlicher Personalaufwand je Mitarbeiter	$= \dfrac{\text{Gesamter Personalaufwand}}{\text{Anz.}^1 \text{ der durchschn. Beschäftigten in der Periode}} \times 100(\%)$ wobei: Anz.= Anzahl

Personalaufwand i.v.H. Umsatzerlöse	$= \dfrac{\text{Personalgesamtaufwand}}{\text{Umsatzerlöse}} \times 100(\%)$

Personal-aufwandsquote	$= \dfrac{\text{Personalgesamtaufwand}}{\text{Gesamtleistung}}$

Personal-aufwandstruktur	$= \dfrac{\text{Personalgesamtaufwand für ...}^1}{\text{Summe Personalaufwand}} \times 100(\%)$ [1] Aufgliederungsmöglichkeit nach Arbeitnehmergruppen, wie z.B. Vorarbeiter, Ingenieure etc.

Lohnquote	$= \dfrac{\text{Personalkosten}}{\text{Umsatz}} \times 100(\%)$

Lohnkosten pro Leistungsstunde	$= \dfrac{\text{Lohnkosten}}{\text{Anzahl der geleisteten Stunden}}$

Lohnnebenkostenquote	$= \dfrac{\text{Sozialkosten}}{\text{Personalkosten insgesamt}}$

Umsatz i.v.H. der Personalkosten	$= \dfrac{\text{Umsatz}}{\text{Personalkosten}} \times 100(\%)$

Gehälter i.v.H. Gesamtpersonalkosten	$= \dfrac{\text{Gehälter}}{\text{Gesamtpersonalkosten}} \times 100(\%)$

Durchschnittliches Lohnniveau	$= \dfrac{\text{Personalaufwand}}{\text{Anzahl der Mitarbeiter}}$

Lohnkosten pro Leistungsstunde	$= \dfrac{\text{Lohnkosten}}{\text{Anzahl der Leistungsstunden}}$

Überstundenkosten i.v.H. Personalkosten	$= \dfrac{\text{Überstundenkosten}}{\text{Personalkosten insgesamt}} \times 100(\%)$

Kapitaleinsatz je 100 € Personal-kosten	$= \dfrac{\text{Betriebsnotwendiges Kapital}}{\text{Gesamt-Personalkosten}}$ wobei: Betriebsnotwendiges Kapital = Anlagevermögen + Umlaufvermögen Gesamt-Personalkosten = Personalgesamtaufwand + Fertigungslöhne + sonst. Löhne + Gehälter

Kosten der Aus- und Weiterbildung

Ausbildungskosten je Mitarbeiter (€)	$= \dfrac{\text{Ausbildungskosten in der Periode}}{\text{Anzahl der Mitarbeiter}}$

Weiterbildungskosten je Mitarbeiter (€)	$= \dfrac{\text{Weiterbildungskosten in der Periode}}{\text{Anzahl der Mitarbeiter}}$

Kosten der Ausbildung von Azubis i.v.H. Gesamtkosten	$= \dfrac{\text{Kosten der Ausbildung von Azubis}}{\text{Gesamtkosten des Unternehmens}} \times 100(\%)$

Kosten der Weiterbildung i.v.H. Gesamtkosten	$= \dfrac{\text{Kosten der Weiterbildungsmaßnahmen}}{\text{Gesamtkosten des Unternehmens}} \times 100(\%)$

Sonstige Kennzahlen

Umsatz je Mitarbeiter	$= \dfrac{\text{Umsatz}}{\text{Anzahl der Mitarbeiter}}$

Cash Flow je Mitarbeiter	$= \dfrac{\text{Cash Flow}}{\text{Anzahl der Mitarbeiter}}$

Deckungsbeitrag je Mitarbeiter	$= \dfrac{\text{Deckungsbeitrag I}}{\text{Anzahl der Mitarbeiter}}$ wobei: Deckungsbeitrag I = Umsatzerlöse ./. variable Kosten

3.5 Forschung und Entwicklung

Projektstand

Realisierungsgrad eines F & E-Projekts zum Budgetverbrauch	$= \dfrac{\text{verbrauchtes Budget}}{\text{Fertigstellungsgrad des Budgets}} \times 100(\%)$

Anzahl kritischer Projekte an den gesamten F&E-Projekten	$= \dfrac{\text{Anzahl kritischer F\&E-Projekte}}{\text{Anzahl der gesamten F\&E-Projekte}} \times 100(\%)$

Gebundenes Personal in F&E-Projekten	$= \dfrac{\text{Zahl projektgebundener Mitarbeiter}}{\text{Anzahl sämtlicher Mitarbeiter}} \times 100(\%)$

Investitionen

F & E-Investitionen i.v.H. zu Gesamtinvestitionen	$= \dfrac{\text{F\&E-Investitionen}}{\text{Gesamtinvestitionen}} \times 100(\%)$

Umsatz F &E-Produkte pro F & E-Mitarbeiter	$= \dfrac{\text{Umsatz F\&E-Produkte}}{\text{F\&E-Mitarbeiter}}$

F&E-Kosten

Anteil sämtlicher Projektkosten in Relation zum Umsatz	$= \dfrac{\text{Kosten sämtlicher F\&E-Projekte}}{\text{Umsatz des Unternehmens}} \times 100(\%)$

Forschungs- u. Entwicklungs-Kosten i.v.H. zu Umsatz	$= \dfrac{\text{F\&E-Kosten}}{\text{Umsatz}} \times 100(\%)$ oder: $= \dfrac{\text{F\&E-Kosten}}{\text{Gesamtumsatz}} \times 100(\%)$ wobei: F&E = Forschung und Entwicklung

F&E-Kapitalkosten i.v.H. zu F&E-Gesamtkosten	$= \dfrac{\text{F\&E-Kapitalkosten}}{\text{Gesamte F\&E-Kosten}} \times 100(\%)$

Forschungs- u. Entwicklungs- kosten pro Projekt	$= \dfrac{\text{F\&E-Kosten}}{\text{Anzahl der F\&E-Projekte}}$ wobei: F&E = Forschung und Entwicklung

Anteil externer Beratungskosten an Projektkosten	$= \dfrac{\text{Kosten externer Beratung}}{\text{Summe der Projektkosten}} \times 100(\%)$

F&E-Kosten i.v.H. zum Deckungsbeitrags- volumen I	$= \dfrac{\text{F\&E-Kosten}}{\text{Deckungsbeitragsvolumen I}} \times 100(\%)$

Kosten gescheiterter F & E-Projekte i.v.H. zu F&E-Gesamtkosten	$= \dfrac{\text{Kosten gescheiterter F\&E-Projekte}}{\text{F\&E-Gesamtkosten}} \times 100(\%)$

4   Finanzmathematische Formelsammlung

Zahlenfolgen und Zahlenreihen

Symbole

g_1 = erstes Glied der Folge

g_n = letztes Glied der Folge

d   = Differenz

s   = Summe

q   = konstanter Faktor

Arithmetische Folge $g_n = g_1 + (n-1)d$

Arithmetische Reihe $s_n = \dfrac{n}{2}(g_1 + g_n)$

Geometrische Folge $g_n = g_1 \cdot q^{n-1}$

Geometrische Reihe $s_n = \dfrac{g_1(q^1 - 1)}{q - 1} = g_1 \dfrac{(1 - q^n)}{1 - q}$

Zinsrechnung

Symbole

i	= (nomineller) Jahreszins
j	= (relativer) Zins (z.B. je Monat, je Quartal)
K_0	= Anfangskapital
K_n	= Endkapital nach N Zinsperioden
m	= Zahl der Zinsperioden je Jahr
n	= Laufzeit (gemessen in Jahren)
N	= Laufzeit gemessen in Zinsperioden, z.B. in Quartalen
q	= Zinsfaktor (q = 1 + i)

Jährliche Verzinsung

Einfache Zinsrechnung	
Endkapital	$K_n = K_0 \cdot (1 + ni)$
Anfangskapital	$K_0 = \dfrac{K_n}{1 + ni}$
Zinssatz	$i = \dfrac{1}{n} \cdot \left(\dfrac{K_n}{K_0} - 1 \right)$
Laufzeit	$n = \dfrac{1}{i} \cdot \left(\dfrac{K_n}{K_0} - 1 \right)$

Zinseszinsrechnung	
Endkapital	$K_n = K_0 \cdot (1 + i)^2$
Anfangskapital	$K_0 = K_n \cdot (1 + i)^{-n}$
Zinssatz	$i = \sqrt[n]{\dfrac{K_n}{K_0}} - 1$
Laufzeit	$n = \dfrac{\ln \dfrac{K_n}{K_0}}{\ln (1 + i)}$

Gemischte Verzinsung

Endkapital	$K_n = K_0 \cdot (1+i)^{n_1} (1 + n_2 i)$ Mit $\quad n_1 = \text{int}(n)$ $\qquad n_2 = n - n_1$
Anfangskapital	$K_0 = K_n \cdot (1+i)^{-n}$
Zinssatz	$i = \sqrt[n]{\dfrac{K_n}{K_0}} - 1$
Laufzeit	$n = \dfrac{\ln \dfrac{K_n}{K_0}}{\ln(1+i)}$

Unterjährige Verzinsung

Einfache Zinsrechnung

Endkapital	$K_N = K_0 \cdot (1 + N_j)$
Anfangskapital	$K_0 = \dfrac{K_n}{1 + N_j}$
Zinssatz	$j = \dfrac{1}{N} \cdot \left(\dfrac{K_N}{K_0} - 1 \right)$
Laufzeit	$N = \dfrac{1}{j} \cdot \left(\dfrac{K_N}{K_0} - 1 \right)$

Zinseszinsrechnung	
Endkapital	$K_N = K_0 \cdot (1+j)^N$
Anfangskapital	$K_0 = K_N \cdot (1+j)^{-N}$
Zinssatz	$j = \sqrt[N]{\dfrac{K_N}{K_0}} - 1$
Laufzeit	$N = \dfrac{\ln\dfrac{K_N}{K_0}}{\ln(1+j)}$

Einfache Verzinsung unter Gebrauch des nominellen Zinssatzes	
Nomineller Zinssatz	$i = mj$
Endkapital	$K_n = K_0 \cdot (1+ni)$
Anfangskapital	$K_0 = \dfrac{K_n}{1+ni}$
Zinssatz	$j = \dfrac{1}{mn} \cdot \left(\dfrac{K_n}{K_0} - 1\right)$
Laufzeit	$n = \dfrac{1}{i} \cdot \left(\dfrac{K_n}{K_0} - 1\right)$

Zinseszinsrechnung unter Verwendung des konformen Zinssatzes	
Konformer Zinssatz	$i^* = (1+j)^m - 1$
Endkapital	$K_n = K_0 \cdot \left(1 + i^*\right)^n$
Anfangskapital	$K_0 = K_n \cdot \left(1 + i^*\right)^{-n}$
Zinssatz	$j = \sqrt[mn]{\dfrac{K_n}{K_0}} - 1$
Laufzeit	$n = \dfrac{\ln \dfrac{K_n}{K_0}}{\ln \left(1+i\right)^*}$

Stetige Verzinsung	
Endkapital	$K_n = K_0 e^{in}$
Anfangskapital	$K_0 = K_n e^{-in}$
Zinssatz	$i = \dfrac{\ln \left(\dfrac{K_n}{K_0}\right)}{n}$
Laufzeit	$n = \dfrac{\ln \left(\dfrac{K_n}{K_0}\right)}{i}$

Rentenrechnung

Symbole

i	= (nomineller) Jahreszins
j	= (relativer) Zins (z.B. je Monat, je Quartal)
m_r	= Zahl der Rentenperioden je Jahr
m_z	= Zahl der Zinsperioden je Jahr
n	= Laufzeit (gemessen in Jahren)
N	= Laufzeit (gemessen in Rentenperioden, z.B. Quartalen)
r	= Rentenzahlung (gleichbleibend)
r_t	= im Zeitpunkt t fällige Rentenzahlung
R_0	= Rentenbarwert
R_n	= Rentenbarwert nach n Jahren
R_N	= Rentenendwert (nach N Rentenperioden, z. Quartalen)
q	= Zinsfaktor ($q = 1 + i$)

Jährliche Renten (gleichbleibend) mit jährlichen Zinsen

Nachschüssige Renten	
Rentenendwert	$R_n = r \cdot \dfrac{q^n - 1}{i}$
Rentenbarwert	$R_0 = r \cdot \dfrac{q^n - 1}{iq^n}$
Rente (R_n gegeben)	$r = R_n \cdot \dfrac{i}{q_n - 1}$
Rente (R_0 gegeben)	$r = R_0 \cdot \dfrac{iq^n}{q^n - 1}$
Zinssatz (R_n gegeben)	Nullstellenbestimmung der Funktion $$f(i) = -R_n + r \cdot \frac{q^n - 1}{i}$$
Zinssatz (R_0 gegeben)	Nullstellenbestimmung der Funktion $$f(i) = -R_0 + r \cdot \frac{q^n - 1}{iq^n}$$

Laufzeit (R_n gegeben)	$n = \dfrac{\ln\left(1 + \dfrac{iR_n}{r}\right)}{\ln q}$
Laufzeit (R_0 gegeben)	$n = \dfrac{\ln\left(\dfrac{r}{r - iR_0}\right)}{\ln q}$

Vorschüssige Renten	
Rentenendwert	$R_n = r \cdot \dfrac{q(q^n - 1)}{i}$
Rentenbarwert	$R_0 = r \cdot \dfrac{q(q^n - 1)}{iq^n}$
Rente (R_n gegeben)	$r = R_n \cdot \dfrac{i}{q(q^n - 1)}$
Rente (R_0 gegeben)	$r = R_0 \cdot \dfrac{iq^n}{q(q^n - 1)}$
Zinssatz (R_n gegeben)	Nullstellenbestimmung der Funktion $f(i) = -R_n + r \cdot \dfrac{q(q^n - 1)}{i}$
Zinssatz (R_0 gegeben)	Nullstellenbestimmung der Funktion $f(i) = -R_0 + r \cdot \dfrac{q(q^n - 1)}{iq^n}$
Laufzeit (R_n gegeben)	$n = \dfrac{\ln\left(q + \dfrac{iR_n}{r}\right)}{\ln q} - 1$
Laufzeit (R_0 gegeben)	$n = 1 - \dfrac{\ln\left(q - \dfrac{iR_0}{r}\right)}{\ln q}$

Tilgungsrechnung

Symbole

α = Aufgeldprozentsatz

A_t = im Zeitpunkt t fällige Annuität

i = (nomineller) Jahreszinssatz

K_0 = ursprünglicher Kreditbetrag

K_t = Restschuld im Zeitpunkt t

n = Laufzeit in Jahren

p = Tilgungsprozentsatz

q = Zinsfaktor (q = 1 + i)

T_t = im Zeitpunkt t fällige Tilgungsrate

Z_t = im Zeitpunkt t fälliger Zinsbetrag

Grundgleichungen	
Annuität	$A_t = Z + T$
Zinsbetrag	$Z_t = iK_{t-1}$
Restschuld	$Z_t = K_{t-1} - T_i$
Kreditsumme	$K = \sum_{t-1}^{n} T_t$ $K_0 = \sum_{t=1}^{n} A_t (1+i)^{-t}$

Ratentilgung (Standardform)

Ratentilgung Charakteristisches Merkmal $T_1 = T_2 = \ldots = T_n = T$	
Kreditsumme	$K_0 = nT$
Tilgungsrate	$T = \dfrac{K_0}{n}$
Zinsbetrag	$Z_t = i \cdot \left(1 - \dfrac{t-1}{n}\right) \cdot K_0$
Annuität	$A_t = \left(i \cdot \left(1 - \dfrac{t-1}{n}\right) + \dfrac{1}{n}\right) \cdot K_0$
Restschuld	$K_t = \left(1 - \dfrac{t}{n}\right) \cdot K_0$

Annuitätentilgung

Standardform Charakteristisches Merkmal $A_1 = A_2 = \ldots = T_n = T$	
Kreditsumme	$K_0 = A \cdot \dfrac{q^n - 1}{iq^n}$
Tilgungsrate	$T_t = \dfrac{iq^{t-1}}{q^n - 1} \cdot K_0$
Zinsbetrag	$Z_t = \dfrac{i\left(q^n - q^{t-1}\right)}{q^n - 1}$
Annuität	$A = \dfrac{iq^n}{q^n - 1} \cdot K_0$
Restschuld	$K_t = \dfrac{q^n - q^t}{q^n - 1} \cdot K_0$

Annuität mit einbezogenem Aufgeld	
Annuität	$A = \dfrac{i(1+k)^n}{(1+k)^n - 1} \cdot K_0$ mit $k = \dfrac{i}{i + ap}$

Prozentannuität	
Annuität	$A = (i+p) \cdot K_0$
Laufzeit	$n = \dfrac{\ln \dfrac{i+p}{p}}{\ln q}$
Vorleistung	$A_1 = K_0 q - \dfrac{q^{int(n)} - 1}{iq^{int(n)}} \cdot A$
Restzahlung	$A_{int(n)+1} = \left(K_0 q - \dfrac{q^{int(n)} - 1}{i} \cdot A \right) q$

Kurs- und Renditeberechnung von Anleihen

Symbole

α = Aufgeldprozentsatz

d   = Gesamtlaufzeit der Schuld – gemessen in Jahren

i   = Jahreszinssatz, Effektivrendite

I_{nom} = nomineller Jahreszinssatz

m   = Anzahl der Zinstermine je Jahr (bei Kuponanleihe)

N   = Nennwert einer Schuld

P_0 = Kurs (Preis) einer Schuld

q   = Zinsfaktor (q = 1 + i)

T   = Restlaufzeit der Schuld in Jahren

Zinsschuld (Kuponanleihe)

Anleihe mit Jahreskupon	
Preis	$$P_0 = q^b \cdot \left(\frac{K}{m} \cdot \frac{(1+j)^n - 1}{j(1+j)^n} + \frac{(1+\alpha)N}{(1+j)^n} \right)$$ mit $K = i_{nom} \cdot N$ n = kleinste ganze Zahl, die für die gilt $n \geq T$ $b = n - T$
Effektivrendite	Nullstellenbestimmung der Funktion $$f(i) = -P_0 + q^b \cdot \left(K \cdot \frac{q^n - 1}{iq^n} + \frac{(1+\alpha)N}{q^n} \right)$$

Anleihe mit mehreren Kupons je Jahr	
Preis	$$P_0 = (1+j)^b \cdot \left(\frac{K}{m} \cdot \frac{(1+j)^n - 1}{j(1+j)^n} + \frac{(1+\alpha)N}{(1+j)^n} \right)$$ mit $K = i_{nom} \cdot N$ n = kleinste ganze Zahl, für die gilt $n \geq mT$ $b = n - mT$ $J = (1+i)^{1/m} - 1$

Effektivrendite	Nullstellenbestimmung der Funktion $$f(i) = -P_0 + (1+j)^b \cdot \left(\frac{K}{m} \cdot \frac{(1+j)^n - 1}{j(1+j)^n} + \frac{(1+\alpha)N}{(1+j)^n} \right)$$ und unterjährige Umrechnung des unterjährigen Zinssatzes $$i = (1+j)^m - 1$$

Annuitätenschuld

Preis	$$P_0 = q^b \cdot A \cdot \frac{q^n - 1}{iq^n}$$ mit $$A = \frac{i_{nom} \cdot (1+i_{nom})^d}{(1+i_{nom})^d - 1} \cdot N$$
Effektivrendite	Nullstellenbestimmung der Funktion $$f(i) = P_0 + q^b \cdot A \cdot \frac{q^n - 1}{iq^n}$$

Ratenschuld

Preis	$$P_0 = \frac{N}{d} \cdot \frac{q^{b-n}}{i} \cdot \left[\left(i_{nom}n - \frac{i_{nom}}{i} + 1 \right)(q^n - 1) + i n_{nom} n \right]$$ mit n = kleinste ganze Zahl, für die gilt n ≥ T b = n - T
Effektivrendite	Nullstellenbestimmung der Funktion $$f(i) = -P_0 + \frac{N}{d} \cdot \frac{q^{b-n}}{i} \cdot \left[\left(i_{nom}n - \frac{i_{nom}}{i} + 1 \right)(q^n - 1) + i n_{nom} n \right]$$

Optionspreisbestimmung

Black / Scholes Formel

$$C = S \cdot N(d) - X \cdot e^{-rT} \cdot N(d_2 \cdot)$$

mit

$$d_1 = \frac{\ln(S/X) + (r + 0,5 \cdot \sigma^2)}{\sigma \cdot \sqrt{T}} \cdot d_2 = d_1 - \sigma \cdot \sqrt{T}$$

$N(d) = $ kum. Standardnorm. vert $(-\infty \rightarrow d)$

Implizite Volatilität (vereinfachte Bestimmung)

$$V_1 = V_2 + C_m / C$$

Optionskennzahlen (Sensitivitätsmaße)

Delta (Kassakurs induziert)

$$\text{Call Delta} = \frac{\delta C}{\delta S} = S\sqrt{t \cdot N(d_1)}$$

$$\text{Put Delta} = \frac{\delta P}{\delta S}\left[\frac{\delta C}{\delta S}\right] - 1$$

mit: $N'(d_1) = \frac{1}{\sqrt{2\eth}} e^{-0,5d_1^2}$

wobei: $N'(d_1)$ Funktionswert der Standardnormalverteilung, nicht der Flächeninhalt zum Wert d_1.

Gamma (Delta induziert)

$$\text{Call Gamma} = \frac{\delta x \text{Call}}{\delta S} = \frac{1}{S\sigma\sqrt{t}} \cdot N'(d_1)$$

$$\text{Put Gamma} = \frac{\delta x \text{Put}}{\delta S} = \frac{1}{S\sigma\sqrt{t}} \cdot N'(d_1)$$

mit: $N'(d_1) = \frac{1}{\sqrt{2\eth}} e^{-0,5d_1^2}$

wobei: $N'(d_1)$ Funktionswert der Standardnormalverteilung, nicht der Flächeninhalt zum Wert d_1.

Theta (Restlaufzeit induziert)

$$\text{Call Theta} = \frac{\delta C}{\delta t} = \left[\frac{S \cdot \delta}{2\sqrt{t}} \right] \cdot N'(d_1) + X \cdot r^{-1} (\log r) \cdot N\left(d_1 - \delta\sqrt{t}\right) \ > 0$$

$$\text{Put Theta} = \frac{\delta x P}{\delta t} = \left[\frac{\delta C}{\delta t} \right] - (\log r) \cdot X \cdot r^{-t} \ > 0$$

mit:

$$N'(d_1) = \frac{1}{\sqrt{2\delta}} e^{-0,5 d_1^2}$$

wobei: $N'(d_1)$ Funktionswert der Standardnormalverteilung, nicht der Flächeninhalt zum Wert d_1.

Vega (Volatilität induziert)

$$\text{Call Vega} = \frac{\delta C}{\delta \sigma} = S \cdot \sqrt{t \cdot N'(d_1)} \ > 0$$

$$\text{Put Vega} = \frac{\delta P}{\delta \sigma} = \left[\frac{\delta C}{\delta \sigma} \right] \ > 0$$

mit:

$$N'(d_1) = \frac{1}{\sqrt{2\delta}} e^{-0,5 d_1^2}$$

wobei: $N'(d_1)$ Funktionswert der Standardnormalverteilung, nicht der Flächeninhalt zum Wert d_1.

Rho (Zinssatz induziert)

$$\text{Call Rho} = \frac{\delta C}{\delta r} = t \cdot r^{-(r+1)} \cdot N\left(d_1 - \delta\sqrt{t}\right) > 0$$

$$\text{Put Rho} = \frac{\delta P}{\delta r} = \left[\frac{\delta C}{\delta r} \right] - t \cdot X \cdot r^{-(t+1)} < 0$$

mit: $N'(d_1) = \frac{1}{\sqrt{2\delta}} e^{-0,5 d_1^2}$

wobei: $N'(d_1)$ Funktionswert der Standardnormalverteilung, nicht der Flächeninhalt zum Wert d_1.

Investitionsrechnung

Symbole

C_0 = Kapitalwert
t   = einzelne Perioden von 0 bis n
E_t =Einzahlungen in der Periode
A_t =Auszahlungen i n der Periode
R_t = Rückflüsse der Periode t = $E_t - A_t$
L_n =Liquidationserlös der Periode n
I_0 = Investitionsauszahlung im Zeitpunkt t_0
i   = Kalkulationszinssatz
q   = (1+i)
An   = Annuität

Kapitalwert	$C_0 = -I_0 + \sum\limits_{i=1}^{n} \left(E_t - A_t \right) \cdot \dfrac{1}{\left(i+i\right)^t}$ bzw.
	$C_0 = -I_0 + \sum\limits_{i=1}^{n} \dfrac{R_t}{q^t}$
	Fällt ein Liquidationserlös am Ende der Nutungsdauer an:
	$C_0 = -I_0 + \sum\limits_{i=1}^{n} \dfrac{R_t}{q^t} + \dfrac{L_n}{q^n}$
	Bei jährlich gleich anfallenden Rückflüssen:
	$C_0 = -I_0 + R_t \dfrac{\left(1+i\right)^t}{i\left(1+i\right)^t}$

Interner Zinsfuß	Für die Berechnung der Verzinsung wird der Kapitalwert = 0 gesetzt und die Gleichung nach dem internen Zinssatz aufgelöst $$0 = -I_0 + \sum_{i=1}^{n} \frac{R_t}{q^t}$$ Die rechnerische Ermittlung erfolgt im Iterationsverfahren mit Hilfe des zweiten Strahlensatzes. Es gilt: $$r = r_1 - C_{01} \frac{i_2 - i_1}{C_{02} - C_{01}}$$

Annuitätenmethode	$$A_n = C_0 \frac{i(1+i)^t}{(1+i)^t - 1}$$

Amortisationsmethode	$$I_0 = \sum_{t=1}^{n} \frac{R_t}{(1+i)^t}$$

Weiterführende Literatur

Bestmann, Uwe (Hrsg.)   Kompendium der Betriebswirtschaftslehre, 11. Aufl., München 2009

Derselbe   Börsen- und Finanzlexikon, 5. Aufl., München 2007

Coenenberg, Adolf G.   Jahresabschluss und Jahresabschlussanalyse, 20. Aufl., Stuttgart 2005

Kruschwitz, Lutz   Finanzmathematik, München 1989

Küting, Karlheinz / Weber, Claus-Peter   Die Bilanzanalyse, 9. Aufl., Stuttgart 2009

Perridon, Louis / Steiner, Manfred / Rathgeber, Andreas W.   Finanzwirtschaft der Unternehmung, 15. Aufl., München 2009

Rahmann, John   Praktikum der Finanzmathematik, 5. Aufl., Wiesbaden 1976

Reichmann, Thomas   Controlling mit Kennzahlen, München 1985

Revsine, Lawrence / Collins, Daniel W. / Johnson, Bruce W.   Financial reporting and analysis, 3rd ed., intern. ed., Upper Saddle River, NJ : Pearson Prentice Hall, 2005

Tietze, Jürgen   Einführung in die angewandte Wirtschaftsmathematik, 15. erw. u. überarb. Aufl., Braunschweig / Wiesbaden 2010

Derselbe   Einführung in die angewandte Finanzmathematik, 10. aktualisierte. Aufl., Braunschweig / Wiesbaden 2009

www.ingramcontent.com/pod-product-compliance
Lightning Source LLC
Chambersburg PA
CBHW072000220326
41599CB00034BA/7065